媲美大牌的手作护肤品

Skin Care and Cosmetics

DIY...

媲美大牌的手作护肤品

十大系列，草本精华，188款自制护肤圣品

陈美菁　著

湖南文艺出版社
HUNAN LITERATURE AND ART PUBLISHING HOUSE

博集天卷
CS-BOOKY

推荐序

精油融入生活，回归芳香疗法的基本精神

看到“芳香疗法”4个字，你的脑海里会浮现出什么画面？也许是在巴厘岛的顶级SPA，趴在按摩床上，一边感受清风徐来的舒畅，一边享受轻柔空灵的按摩……其实，除了由专业的芳疗师进行精油调配、按摩，你也可以借由自学知识购买并调配精油，然后依据每个人的不同需求，施用在自己与家人身上。

“Aroma Therapy”的原意，就是“利用精油来增进我们的心理、生理健康”，也因此，唯有理解芳疗，活用芳疗，并且把精油融入日常生活当中，才真正是回归到芳疗的基本精神。

当初，我个人是由研究角度开始接触芳疗的。我研究飘散浓浓中药香气的中草药精油，研究大家熟悉喜爱的西洋精油，也研究台湾的香草植物，开发台湾特有的香气。不但探讨它们的萃取，分析其化学成分，比较基原差异，更由细胞、动物、临床等各方面，来探求它们的生理功效。

我最大的梦想，就是将中药精油推广到国际，分享给世人。我对我的研究，有着很深的期许，也始终乐在其中。而这本《嬞美大牌的手作护肤品》恰恰补足了我对芳疗最弱的“生活应用”部分，让我得以脱离书本知识，进入实际，学习由操作面来看待精油，体会芳疗。

这本书深得我心，因为它确实教授读者将芳疗带进实际的应用中。全书由浅入深，先从基础知识开始，建构大家对芳疗应用的基本了解，然后再根据用于身体清洁、保养、疗愈等各个方面，一步步教大家自己动手DIY，做出多达188款的精油保养用品，进而教大家学会享用精油带来的疗效与魅力。不但应用涵盖面广，而且说明清楚，的确是一本既灵活又实用的生活好书。

在此，除了要将本书推荐给各界读者，也要特别恭喜作者陈美菁女士，她踏踏实实推广芳疗与精油在生活层面的应用，非常值得敬佩！

阳明大学生化暨分子生物所教授　蔡英杰

实用美体宝典，教你轻松自制精油保养品

随着生活水平的日渐提高，人们对“养生保健”越来越重视，各种能让身心灵健康的需求也越来越大。也因此，这几年“芳香疗法”越发受到社会大众的正视与推广，也不再只局限于“芳疗=SPA”或“芳疗是贵妇们才享受得起的玩意儿”之类的错误观念。究其原因无他，只因置身于步调快速的现代化工业社会，有太多太多的人都处于压力过大的环境，极需借由芳香疗法来舒缓紧张的身心。

我与作者陈美菁老师已经认识3年多，印象中，她是一位对芳香疗法推广相当热心积极的年轻学者。这次听闻陈老师将通过出书方式将芳香疗法在日常保养品上的应用介绍给社会大众，以便帮助大家对“自己动手用天然精油来做保养品”有更进一步的了解，对于这样的用心，个人深感欣慰。

目前台湾保养品市场百家争鸣，各大厂商推出的产品琳琅满目。但是，如果自己可以学会运用“正确而简单”的方法就做出保养品，不仅省钱、天然，更能针对个人肌肤状况对症下药，配合精油的功效，达到疗愈、改善的目的，真是事半功倍。

在这本《媲美大牌的手作护肤品》中，作者陈美菁老师将多达188款日常保养用品的材料与做法，毫不隐藏地一一介绍给读者，让大家只要轻轻松松照着做，就能好好照顾身体、美化肌肤，着实是读者莫大的福音！相信本书不但是一本适合社会大众阅读，并加以应用的美体生活宝典，而且足以作为学校与业界传授专业知识的教材！

华夏技术学院化妆品应用系教授兼副校长　陈锡圭

作者序

芳疗，改变了我的人生

难以置信，我真的出书了！回想起8个多月以来，我在四处上课与照顾两个孩子的忙碌情况下，居然还能挤出时间动笔，实在是连自己都觉得不可思议！在这段赶稿的日子里，我常常清晨5点就得起床写稿，生活节奏紧张到令人头皮发麻！但是，我还是很乐意分享，因为精油和芳疗彻底改变了我的人生，我实在太想和大家分享自制与应用精油保养用品的好处了！

病痛缠身又不孕，遍访名医无计可施

12年前，我原本是一名护士，因为不正常的作息及工作上的巨大压力，我常常处于情绪紧张的状态。两年多下来，我的身体抗议了！那时，我被医生诊断出有全身性的血管炎，每天都要吞类固醇，加上一些止痛剂，一天吃20颗药是常有的事。时间一长，我发现我的病并没有“痊愈”，只能说是被“控制”；而且，更糟糕的是，由于长期吃类固醇的缘故，我变得又肿又胖，让正值花样年华的我实在难以接受。更大的折磨是，我结婚之后，随之而来的打击让我差点崩溃，因为我居然被诊断出患有不孕症，尽管跑遍各地、四处求医拜神，还是没用！那段时间，我常常在深夜暗自流泪。

意外接触“花药疗法”，一脚踏入“芳疗”领域

就在我不知所措的时候，一个奇妙的际遇降临在我身上。一天，我去逛百货公司，就在某个精油专柜，偶然认识了“花药”——一种运用天然植物能量，帮助自我觉察、处理心理困扰的自然疗法。令人吃惊的是，专柜小姐要我随意抽出三个植物花药的玻璃瓶之后，竟然就很准确地解读出我的心情，让我忍不住激动，当场就流下眼泪！

我想，可能是因为心中的委屈积压太久，所以，当有人可以那么深入地了解我的无助时，我只能控制不住地肆意宣泄。而对于“花药”这种东西，因为被它的“神奇”所震慑，因此，当时的我就好像溺水的人看到浮木一般，一心只渴望抓住它，好让自己快点上岸。于是，回到家后，我立刻就打开电脑上网，疯狂搜寻有关“花药疗法”的资讯，这也才开始对精油、芳香疗法等名词有了初步认识，并且发现原来世界上还有“芳疗师”如此迷人的职业。

经过一番探索，我慢慢了解，一个专业的芳疗师并不仅仅是一个“会按摩的人”，他还必须懂得如

何进行“个案咨询”，并且通过学习解剖生理学、精油化学、心理学等一系列的课程，真正了解各种植物精油的全面疗效，进而应用到人体的各个层面。后来，我毫不犹豫地离开自己的工作岗位，加入美国“NAHA”高级芳疗师的训练，并在经过严格的考核后取得专业执照，从此踏入专业“芳香疗法”的世界。

应用芳疗调理身心，重获健康如愿生子

在接下来的日子里，我除了从事传授芳疗知识的工作，也将精油的应用实践在自己的身体调养上。就这样，我不再依靠药物，凭着相信“人体自有大医生”的道理，加上改变作息、改变心态，我的身体终于恢复到了健康状态——就在婚后第五年，我有了第一个宝宝，并在两年后，又紧接着生下了第二个儿子！

现在，我拥有健康的身心、美满的家庭，而这一切，都要归功于芳疗，除了内心充满万分感恩，也因为自己走过的生命历程，让我坚持在孩子们出生之后，都采用“天然养育法”——不仅让他们喝母奶，也用天然精油为他们进行五感刺激，并在偶有小病痛时，采用芳疗、中医或泡澡等天然方式，来维护、促进他们的健康。

出书推广芳香疗法，让你发现精油妙用

很多人问我“芳香疗法是什么”，其实，它的字面意思就是“一种以精油为媒介，达到舒缓身心灵、促进全面健康的自然疗法”。但是，我更认为它是一种生活态度，因为在采用芳疗之前，我们必须相信大自然的力量，必须懂得敬天，懂得爱惜大地，还要懂得如何爱人，包括要先爱自己。

之所以想提笔写下这本书，是因为我期待可以与更多的人分享芳香疗法的好处，也希望通过个人微薄的力量，协助大家理解“芳疗不是单纯地做做SPA而已”。也正因为希望芳香疗法可以更加贴近每个人的日常生活，有更多的人能深刻领略它带来的助益，我才会以“媲美大牌的手作护肤品”为题，并在书中以最常用的面部清洁、面部保养、身体保养、纾压疗愈四大方面为分类，提供多达188款保养品的配方材料与制作步骤，以求大家能很快发现“天然精油”的妙用。

本书的顺利完成，实在要感谢太多太多的人！除了不断给我鼓励的朋友、师长，最重要的是一直在我身边给予无限支持的家人——我的父母、我的公婆、我的先生以及我的两个孩子。另外，我也要借此机会，特别感谢我的几位阿姨以及我的表弟、表妹们，因为他们都加入了我这次的写书行列，不但在假日帮我照顾小孩，还替我分担许多家务，让我得以有空来完成这本书的撰写、拍摄与校对，在此，谨再次献上我的衷心感激！

最后，我要把这本书献给每个愿意翻开它的人，相信只要你愿意，你也会跟我一样，深深陷入在天然植物精油带来的无穷魅力里！

美国国家芳疗协会NAHA高级芳疗师
台湾师范大学健康促进与卫生教育学系硕士

PART 1 走进精油保养品的世界，让“芳疗”开启你美丽的第一步！

——动手之前，你不能不知道的6件事

01...用精油来保养身体，效果真的看得到——5大功效，让“芳疗”成为流传千百年的美容之道/002

02...用精油做的保养品，种类功能超齐全——从化妆水到精华液，6大类23种单品让你从头美到脚/009

03...只要选对精油产品，经济实惠又有效——10大便宜又好用的精油，全球芳疗达人必备/016

04...购买精油入门须知，质地纯度很重要——7个关键词，帮你快速辨别精油品质的好坏/030

05...自己调制精油用品，基础配备不可少——17种工具、33种常用材料，清晰图解大公开/034

06...正确掌握相关知识，使用精油超放心——16大观念问题，建构你对精油的全面了解/040

PART 2 自己做！超干净的｛脸部清洁用品｝42款

——卸妆、洁颜、去角质，让毛孔重新呼吸！

001
罗马洋甘菊抗敏卸妆油 /054
温和去除脏污，还原纯净脸庞

延伸应用 002/葡萄籽清爽卸妆油　003/荷荷巴油卸妆油
004/花梨木杀菌卸妆油　005/乳香精油卸妆油

006
玫瑰天竺葵深层卸妆油 /056
洁净毛细孔，彻底清除污垢

延伸应用 007/葡萄籽油卸妆油　008/花梨木精油卸妆油
009/玫瑰草精油卸妆油　010/柠檬精油卸妆油

011
茶树控油卸妆凝露 清爽无负担，不再泛油光 /058
延伸应用 012/大西洋雪松精油卸妆凝露 013/苦橙叶精油卸妆凝露 014/佛手柑精油卸妆凝露

015
葡萄柚焕颜卸妆凝露 促进循环，淡化斑点 /060
延伸应用 016/花梨木精油卸妆凝露 017/乳香精油卸妆凝露 018/玫瑰草精油卸妆凝露

019
柠檬紧致洁颜慕丝 收敛加美白，打造零毛孔的脸蛋 /062
延伸应用 020/花梨木精油洁颜慕丝 021/玫瑰草精油洁颜慕丝 022/乳香精油洁颜慕丝

023
葡萄柚控油洁颜慕丝 挥别油光，告别痘痘 /064
延伸应用 024/茶树精油洁颜慕丝 025/柠檬精油洁颜慕丝 026/苦橙叶精油洁颜慕丝

027
薰衣草橄榄保湿洗面皂 温和清洁，适度滋润 /066
延伸应用 028/花梨木精油洗面皂 029/佛手柑精油洗面皂 030/依兰依兰精油洗面皂

031
茶树无患子去油洗面皂 天然洁净，杀菌消炎 /068
延伸应用 032/大西洋雪松精油洗面皂 033/苦橙叶精油洗面皂 034/甜橙精油洗面皂

035
柠檬调节油脂去角质霜 促进代谢，减缓粉刺产生 /070
延伸应用 036/苦茶油去角质霜 037/薰衣草精油去角质霜 038/葡萄柚精油去角质霜

039
甜橙柔肤去角质霜 避免阻塞，改善皮肤粗糙 /072
延伸应用 040/月见草油去角质霜 041/罗马洋甘菊精油去角质霜 042/乳香精油去角质霜

PART 3 自己做！超润泽的｛面部保养用品｝70款

——保湿、控油、紧致、修复，让脸蛋水嫩细致！

043
葡萄柚亮肌化妆水 /076
晶莹剔透，娇嫩白皙

延伸应用 044/花梨木精油化妆水　045/罗马洋甘菊精油化妆水
046/依兰依兰精油化妆水

047
迷迭香平衡油脂化妆水 /078
调理肤质，均匀保湿

延伸应用 048/苦橙叶茶树精油化妆水　049/甜橙精油化妆水
050/绿花白千层精油化妆水

051
罗马洋甘菊呵护调理乳液 /080
柔化肌肤，完美修复

延伸应用 052/月见草油乳液　053/依兰依兰精油乳液
054/花梨木精油乳液

055
迷迭香紧致保湿乳液 /082
提升弹性，摆脱暗沉

延伸应用 056/苦茶油乳液　057/薰衣草精油乳液
058/大西洋雪松精油乳液

059
快乐鼠尾草平衡精华液 调理内分泌，改善痘痘肌 /084
延伸应用 060/罗马洋甘菊精油精华液 061/花梨木精油精华液 062/玫瑰草精油精华液
063/依兰依兰精油精华液 064/苦橙叶精油精华液

065
茶树除痘精华液 告别粉刺，滑嫩肌再生 /086
延伸应用 066/大西洋雪松精油精华液 067/甜橙精油精华液 068/花梨木保湿精华液

069
柠檬嫩白乳霜 温和美白，收缩毛孔 /088
延伸应用 070/依兰依兰精油乳霜 071/绿花白千层精油乳霜 072/花梨木抗皱乳霜

073
薄荷修护抗敏乳霜 缓解干痒，保湿润泽 /090
延伸应用 074/澳大利亚尤加利精油乳霜 075/花梨木精油乳霜

076
甜橙水润保湿眼霜 防止干燥，维持清丽眼眸 /092
延伸应用 077/乳香精油眼霜 078/玫瑰草精油眼霜

079
玫瑰天竺葵抗皱眼霜 延缓老化，对抗鱼尾纹 /094
延伸应用 080/依兰依兰精油眼霜 081/花梨木精油眼霜

082
薰衣草修复护唇膏 杜绝皲裂，滋润活化双唇 /096
延伸应用 083/绿花白千层精油护唇膏 084/甜马郁兰精油护唇膏 085/薄荷精油护唇膏

086
甜橙保湿护唇膏　长效锁湿，维持水嫩美唇 /098

延伸应用 087/橄榄油护唇膏　088/依兰依兰精油护唇膏

089/花梨木精油护唇膏　090/薰衣草精油护唇膏

091
茶树皮脂调理按摩油　促进循环，平衡分泌 /100

延伸应用 092/葵花子油按摩油　093/苦橙叶精油按摩油　094/大西洋雪松绿花白千层按摩油

095
甜橙焕采按摩油　消除暗沉浮肿，重现肌肤弹力 /102

延伸应用 096/荷荷巴油按摩油　097/花梨木精油按摩油　098/甜马郁兰精油按摩油

099
柠檬美白保湿面膜　阻绝挥发，瞬间锁水 /104

延伸应用 100/薰衣草精油面膜　101/乳香精油面膜　102/花梨木精油面膜

103
迷迭香绿矿泥抗痘面膜　深层清洁，吸附油脂 /106

延伸应用 104/茶树精油面膜　105/苦橙叶精油面膜　106/大西洋雪松精油面膜

107
罗马洋甘菊防皱眼膜　保湿润滑，延缓老化 /108

延伸应用 108/花梨木精油眼膜　109/乳香精油眼膜

110
玫瑰天竺葵紧实眼膜　促进循环，排毒消肿 /110

延伸应用 111/玫瑰草精油眼膜　112/依兰依兰精油眼膜

自己做！超好用的{身体保养用品}48款

——沐浴、美发、纤体、护肤，让全身都漂亮！

113
罗马洋甘菊抗敏洗发精 抗菌止痒，镇静头皮 /114
延伸应用 114/快乐鼠尾草精油洗发精 115/薄荷精油洗发精 116/花梨木精油洗发精

117
甜橙纾压洗发精 温和镇定，舒缓紧绷 /116
延伸应用 118/佛手柑精油洗发精 119/依兰依兰精油洗发精 120/澳大利亚尤加利精油洗发精

121
薰衣草纾压头皮按摩油 促进血脉通畅，缓和安抚镇定 /118
延伸应用 122/甜马郁兰精油头皮按摩油 123/薄荷精油头皮按摩油
124/大西洋雪松精油头皮按摩油 125/花梨木镇静头皮按摩油

126
迷迭香活化头皮按摩油 激活毛囊细胞，维护健康发丝 /120
延伸应用 127/快乐鼠尾草精油头皮按摩油 128/佛手柑精油头皮按摩油 129/花梨木精油头皮按摩油

130
茶树抗痘沐浴乳 天然抗菌消炎，去除背部痘痘 /122
延伸应用 131/大西洋雪松精油沐浴乳 132/花梨木精油沐浴乳 133/薄荷精油沐浴乳

134
玫瑰天竺葵丝滑沐浴乳　平衡皮脂分泌，温和清洁润泽 /124
延伸应用 135/依兰依兰精油沐浴乳　136/花梨木温和沐浴乳　137/乳香精油沐浴乳

138
葡萄柚玫瑰浴盐　排毒兼净化，泡出嫩滑肌 /126
延伸应用 139/花梨木精油浴盐　140/依兰依兰精油浴盐　141/苦橙叶精油浴盐

142
快乐鼠尾草足疗按摩盐　活化足部经络，消除水肿与厚趼 /128
延伸应用 143/甜马郁兰精油足疗按摩盐　144/依兰依兰精油足疗按摩盐　145/绿花白千层精油足疗按摩盐

146
薄荷清爽护手霜　清新滋养，温和润泽 /130
延伸应用 147/花梨木精油护手霜　148/绿花白千层精油护手霜

149
茶树抗菌护手霜　预防感染，健康疗愈 /132
延伸应用 150/乳香精油护手霜　151/依兰依兰精油护手霜　152/花梨木温和护手霜

153
柠檬去角质指缘油　软化硬皮，润滑美白 /134
延伸应用 154/花梨木精油指缘油　155/乳香精油指缘油　156/薄荷精油指缘油

157
快乐鼠尾草滋润指缘油　充分滋养润泽，减缓干皱粗糙 /136
延伸应用 158/薰衣草精油指缘油　159/佛手柑精油指缘油　160/橄榄油指缘油

PART 5 自己做！超经典的｛纾压疗愈用品｝28款

——松筋、排毒、镇痛、止痒，让通体都舒畅！

161
薄荷肩颈按摩油 舒缓紧绷，活化经络 /140

延伸应用 162/甜马郁兰排毒按摩油

163
薰衣草舒背按摩油 放松肌肉，消炎止痛 /143

延伸应用 164/甜马郁兰舒缓按摩油 165/澳大利亚尤加利精油按摩油

166
葡萄柚紧腹按摩油 刺激代谢，促进排便 /146

延伸应用 167/甜马郁兰精油按摩油 168/大西洋雪松精油按摩油

169
葡萄柚美腿按摩油 促进大腿运动，改善橘皮组织 /149

延伸应用 170/大西洋雪松代谢按摩油 171/绿花白千层精油按摩油

172
薰衣草蜂蜡药膏 杀菌消毒，镇痛止痒 /152

延伸应用 173/薰衣草凡士林药膏 174/花梨木精油药膏

175/澳大利亚尤加利精油药膏 176/罗马洋甘菊花梨木药膏

177
薄荷清凉药膏　促进皮肤收缩，缓解搔痒疼痛 /154

延伸应用　178/薰衣草精油药膏　179/苦橙叶精油药膏

180/乳香精油药膏

181
快乐鼠尾草镇痛贴布　让肌肉放松，不再肩颈酸痛 /156

延伸应用　182/甜马郁兰排毒贴布　183/澳大利亚尤加利精油贴布

184/苦橙叶精油贴布

185
迷迭香肌肉酸痛贴布　告别扭拉伤，肌肉乳酸消失无踪 /158

延伸应用　186/乳香精油贴布　187/甜马郁兰精油贴布

188/依兰依兰精油贴布

如果有一种方法，

它更懂得你的身心灵需要，

那就一起来试看看吧！

而且它很轻松，效果又好！

PART 1

走进精油保养品的世界，让“芳疗”开启你美丽的第一步！

——动手之前，你不能不知道的6件事

01_ **用精油来保养身体，效果真的看得到**

——5大功效，让“芳疗”成为流传千百年的美容之道

02_ **用精油做的保养品，种类功能超齐全**

——从化妆水到精华液，6大类23种单品让你从头美到脚

03_ **只要选对精油产品，经济实惠又有效**

——10大便宜又好用的精油，全球芳疗达人必备

04_ **购买精油入门须知，质地纯度很重要**

——7个关键词，帮你快速辨别精油品质的好坏

05_ **自己调制精油用品，基础配备不可少**

——17种工具、33种常用材料，清晰图解大公开

06_ **正确掌握相关知识，使用精油超放心**

——16大观念问题，建构你对精油的全面了解

ISSUE 01
用精油来保养身体，效果真的看得到

5大功效，让“芳疗”成为流传千百年的美容之道

精油，萃取自植物，而且许多植物本身就具有治病、调理的功效，所以，大多数精油也都有抗菌、安抚情绪、缓和紧张的作用。

什么是精油？简单来说，就是从植物的根、茎、叶、种子或花朵中所萃取出来的高浓度油性液体，多半呈透明至淡黄色，气味浓郁，具挥发性。因为萃取自植物，而且许多植物本身就具有治病、调理的功效，所以，大多数精油也都有抗菌、安抚情绪、缓和紧张的作用。同时，精油所散发出来的天然香气，还能提振精神、消除焦虑，并可舒缓病症、放松心情。

2500年前，人类已经开始使用植物精油泡澡按摩

回溯人们使用香草药油的历史，早在公元前5世纪的古希腊，有“医学之父”之称的希波克拉底（Hippocrates）就提出“每日进行芳香药油浴及按摩，可以找回健康”的看法，并将传承自古埃及的植物知识，以科学方式解析出300多种药草的功效、整理记载成《药草集》一书。公元1世纪左右，根据《圣经》上的记载，在耶稣基督的年代，人们也已将乳香拿来供奉神庙、制造化妆品，以及治疗痛风、头痛之用。到了公元10世纪，由于十字军东征，有关芳香植物香油及香水的知识也随之传到了远东及阿拉伯地区。

公元11世纪，第一滴以“蒸馏法”取得的精油诞生

公元11世纪，阿拉伯医生阿维森纳（Avicenna）研发出以“蒸馏法”来撷取玫瑰精油的技术，不但让植物精华更容易为人所取得，也让精油脱离传统药草医学，广泛应用于日常生活中，包括嗅吸、按摩及沐浴等，在当时蔚然成风。尤

其是以高纯度酒精来溶解香油的香水生产方式，也一路发展，在17世纪大行其道。20世纪初，法国香水专家雷内·盖特佛塞（Rene Gattfosse）则是将“采用植物精油来美化身体、改善病症、安抚心灵的疗愈应用”定名为“芳香疗法”（Aromatherapy）的第一人。从字面意思即可得知，aroma指具有香气的植物精油，而therapy则是对疾病改善的疗愈方法。自此之后，芳疗更被大量应用在现代美容、水疗（SPA），以及临床辅助治疗等方面。

效用惊人，所以精油芳疗始终风行、备受肯定

为什么精油的疗愈应用能够流传如此久远？究其原因，不难发现是因为它的效用受到了人们的肯定。经过萃取的植物精油，富含多种有机化合物，包括酯、酮、醛类、松烯等，使得它能对人体产生各种有益的功效，特别是保养皮肤，而且，不管是以按摩、泡澡、涂抹还是嗅闻的方式，它都能被充分吸收，所以，几千年来，它才能源源不断地被开发运用，成为不退流行的经典显学，无论是过去的王公贵族、名媛贵妇，还是现代的时尚名流、医学人士，无不成为芳香疗法的爱用者，无怪乎它成为全球爱美人士共同追求的美容之道。

5大效能，从科学观点印证精油芳疗的神奇

也正因为自己深受其益，所以，我认为精油应该可以更贴近每个人的日常生活，而且，并不需要“外求”，只要简单掌握一些方法，就能非常容易地直接亲近、自我应用。也因此，在带领大家进入“自己做精油保养品”的步骤之前，我把“用精油保养身体”的原理与功效归纳说明如下，希望能让更多的人了解天然植物精油的美好，并且破除“芳疗就是去护肤中心做SPA”的刻板观念，进而可以促进大家愿意动手做出适合自己的保养品，并且天天都享受芳疗带来的美妙生活！

精油效能1 成分天然无害，切实达到护肤目的

保养皮肤是芳香疗法极为重要的功能之一，可以说，大部分人之所以进行芳疗，就是为了护肤。但要注意的是，在进行保养时，唯有采用越接近天然的物质，才能对我们的皮肤越有帮助，因为在芳疗护肤的过程中，最重要的步骤就是按摩——借由接触肌肤的按压动作，达到“帮助保养品穿过肌肤外层表皮层，并对表皮层及真皮层细胞进行作用”的目的。但市面上销售的保养品往往为了卖相佳、让保存期限延长，或基于成本考虑，因而经常会在当中添加防腐剂或其他物质，而自制精油保养品不必加入非必要的化学成分，不致造成肌肤负担，甚或肝、肾的负担，也因此，萃取自植物的精油可说是最天然无害、可切实达到护肤功效的美肌圣品。

精油效能2 活化皮肤细胞，减缓胶原蛋白流失

真皮层中的胶原蛋白是维持皮肤与肌肉弹性的主要成分，人体可以自行制造，但随着年龄或环境的不同，制造的速度也不一样，尤其在25岁后，肌肤中的胶原蛋白会慢慢流失，皱纹、斑点等老化现象也会随之出现。而天然精油成分中具有许多有机物质，可刺激细胞活化、修护被破坏的胶原蛋白，并有助于表皮与

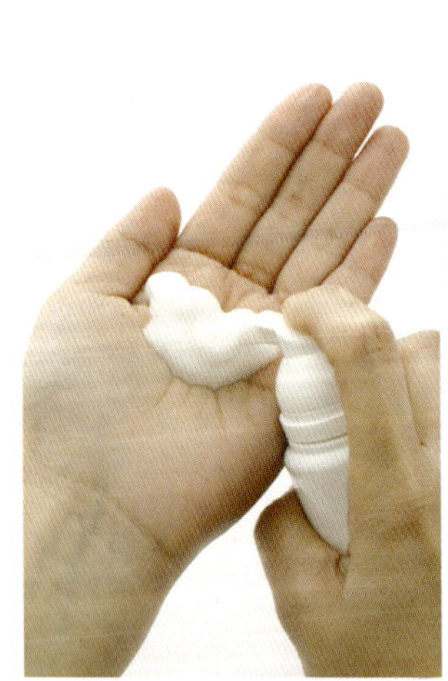

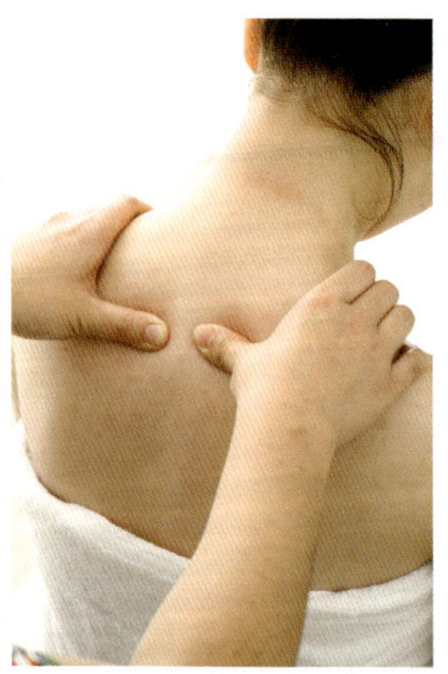
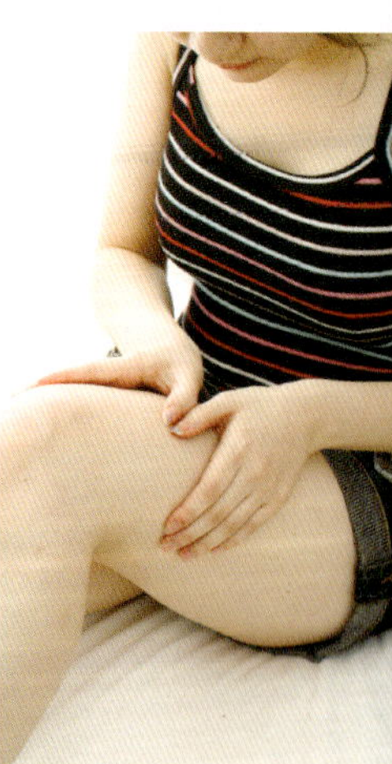

真皮支柱的联结，因而能减缓胶原蛋白的流失，进而达到紧实肌肤的目的，让皮肤看起来水嫩，有弹性。

精油效能3 加强渗透作用，促进保养用品功效

为了让高效物质迅速渗入肌肤，美容用品当中必须使用不同的传输媒介和渗透剂，而精油就是一种良好的渗透剂。因为比起化学合成的渗透剂，它不但不具毒性，而且还有易挥发、具亲脂性、不易溶于水、具备特殊香气等优点，加上它的化学分子很小，可深入皮肤进行调理，可说是最佳的天然帮手。也因为它能有效增进保养品被肌肤吸收的速度与分量，所以，等于间接增强保养功效。

精油效能4 特性疗效各异，适用不同肤质保养

植物精油的种类多达数百种，每一种的特性不尽相同，一般来说，可依照功能、气味、植物种类等来划分。如果依功能分，可分为舒缓型与振奋型两大类；依气味分，则有香草系、柑橘系、花香系、东方香料系、树脂系、辛香系及树木系7种；以植物种类分，又可分为柑橘类、草本类、花香类、樟脑类、树脂类、辛香类、木质类及土质类8种。而采用不同植

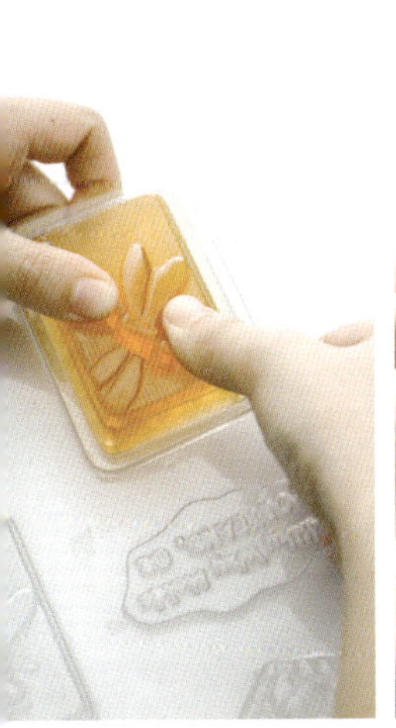

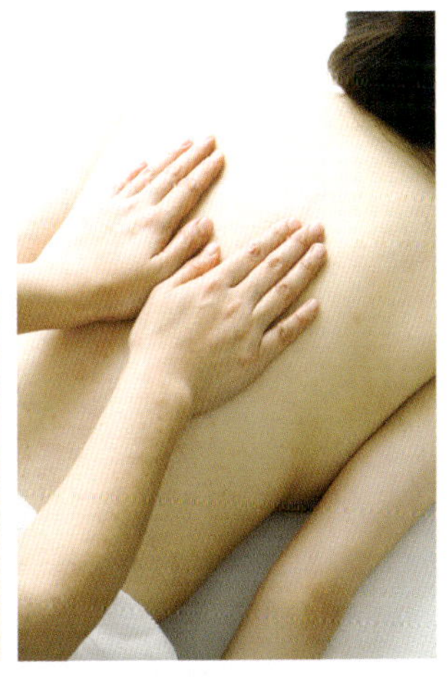

物做出来的精油，功效也不一样，因此，在制作保养品时，可根据个人肤质状况，针对油性、干性、敏感性、熟龄老化肌肤等，来选用适当的精油调配出适合自己的专属用品，以便对症下药，让保养到位。

精油效能5 通过嗅觉传导，启动脑部边缘系统

为什么精油可以帮助舒缓病症、放松心情？因为纯精油是由天然植物提炼而成，会散发出自然香气，当香气分子经过嗅觉细胞的嗅觉受体，与嗅觉受器结合之后，嗅觉神经细胞便会活化，并将所接收到的外界刺激化成信息传递到大脑嗅球的微小区域（嗅小体），之后，借由僧帽细胞（mitral cells）继续将信息送到大脑其他部位进行讯息组合，因此，人体就能有意识地感知到这种特定的香味。而当嗅觉信息传递到脑部的边缘系统，又因边缘系统负责掌握我们的情绪、性行为、记忆等，所以精油化学分子便可借由嗅觉启动相关运作，直接或间接影响情绪感受，进而达到减轻身心压力、缓解肌肤负担之效。

上述5大功效，让精油成为流传千年的美容圣品。但是，我想要特别提醒的是，当我们在调制保养品时，请记住一个原则，那就是：你怎么对待它，它就怎么对待你。所以，请务必保持专注的精神及愉快的心情，如此一来，你所调制出来的保养品才能与你深刻对话，让你从内到外都彻底美丽！

ISSUE 02
用精油做的保养品，种类功能超齐全

从化妆水到精华液，6大类23种单品让你从头美到脚！

本节将常用的保养品分为6大类，共23种，除介绍各种保养品的基本功效外，还将精油应占成品比例、适合盛装器皿、保存期限以及保存方法作归纳整理，以便随时翻阅参考。

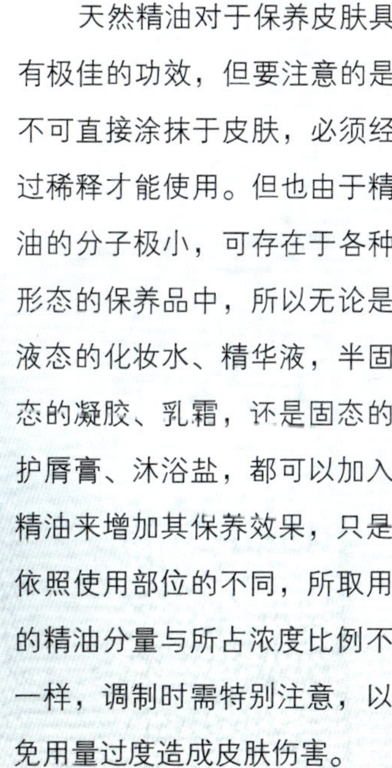

天然精油对于保养皮肤具有极佳的功效，但要注意的是不可直接涂抹于皮肤，必须经过稀释才能使用。但也由于精油的分子极小，可存在于各种形态的保养品中，所以无论是液态的化妆水、精华液，半固态的凝胶、乳霜，还是固态的护唇膏、沐浴盐，都可以加入精油来增加其保养效果，只是依照使用部位的不同，所取用的精油分量与所占浓度比例不一样，调制时需特别注意，以免用量过度造成皮肤伤害。

【液状保养品】

包括化妆水、乳液及洁面慕丝、洗发液等用品，调制后的成品以液态方式呈现，其主要基质是纯水，占成品的40%～99%。

液状保养品是基底油加上精油调制的，是DIY保养品中最简单的一种。

	类别（页码）	基本功效	成品精油所占浓度	适合盛装器皿	保存期限	保存方法
1	洁面慕丝 58	清洁脸部皮肤	0.5%～1%	慕丝瓶		
2	化妆水 72	平衡水分，收敛及软化脸部皮肤角质	0.5%～1%	塑料避光喷头瓶		
3	乳液 74	平衡及调理皮肤油脂	脸部乳液0.5%～1%，身体乳液约3%	塑料或玻璃避光压头瓶	30天	置于阴凉处，避免阳光直射
4	洗发液 108	清洁头皮及头发	0.5%～1%	塑料避光长压头瓶		
5	沐浴乳 116	清洁全身肌肤	3%	塑料避光长压头瓶		

【油状保养品】

包括卸妆油、按摩油、指缘护肤油等用品，以100%的基底油加入精油调制而成，成品呈油脂状，成分除精油外，不含任何水分。

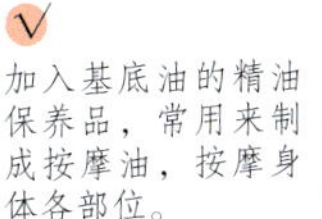

加入基底油的精油保养品，常用来制成按摩油，按摩身体各部位。

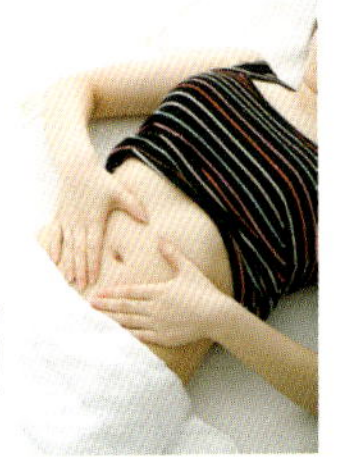

	类别（页码）	基本功效	成品精油所占浓度	适合盛装器皿	保存期限	保存方法
6	卸妆油 50	卸除脸部彩妆、污垢，干性皮肤适用	0.5%～1%	塑料避光长压头瓶	45天	置于阴凉处，避免阳光直射
7	脸部按摩油 96	按摩脸部肌肤，增强皮肤弹性	0.5%～1%	玻璃避光短压头瓶		
8	头皮按摩油 114	按摩头皮，舒缓压力	0.5%～1%	玻璃避光短压头瓶		
9	指缘油 128	缓解指甲周边干燥现象，润泽肌肤	3%	玻璃指甲油瓶		
10	身体按摩油 140	按摩全身，促进血液循环、经络通畅	3%	玻璃避光短压头瓶		

【凝胶状保养品】

包括精华液、凝胶等保养用品，成品形态介于水状与果冻状之间。制作时以浓缩凝胶为基底，与水融合后调制而成。质地清爽不油腻，容易被肌肤吸收。

	类别（页码）	基本功效	成品精油所占浓度	适合盛装器皿	保存期限	保存方法
11	卸妆凝露 52	卸除脸部彩妆、污垢，油性皮肤适用	0.5%~1%	玻璃避光短压头瓶	30天	置于阴凉处，避免阳光直射
12	精华液 80	提供肌肤额外滋养成分或帮助保湿	0.5%~1%	塑料避光短压头瓶	30天	最好置于冰箱内冷藏，也可置于阴凉处，避免阳光直射
13	眼膜 104	镇静眼周肌肤，提供润泽避免干燥	0.5%~1%	食物保鲜盒	冷藏可保存7天，未冷藏保存两天	

【霜状保养品】

包括乳霜、眼霜、去角质霜等用品，特性是水与油的结合，质感较稠，不但具有油的保湿特质，同时也具有水的清爽感。

	类别（页码）	基本功效	成品精油所占浓度	适合盛装器皿	保存期限	保存方法
14	去角质霜 64	去除皮肤老化细胞，带动深层清洁	0.5%～1%	塑料或玻璃面霜罐	30天	置于干燥阴凉处，用完后拧紧盒盖
15	乳霜 82	滋养润泽肌肤，避免干燥、老化	脸部乳霜0.5%～1%，身体乳霜约3%	塑料或玻璃面霜罐		
16	眼霜 00	滋养眼周肌肤，预防干燥、老化	0.5%～1%	塑料或玻璃面霜罐		
17	护手霜 124	滋养手部肌肤，改善干燥、老化	0.5%～1%	塑料或玻璃面霜罐		

014 【膏状保养品】

包括面膜、药膏等，是液体或油脂与固体（或粉末）融合后的成品，由于容易干掉，所以保存时要注意密封。

	类别（页码）	基本功效	成品精油所占浓度	适合盛装器皿	保存期限	保存方法
18	面膜 100	镇静、润泽脸部肌肤，避免干燥	0.5% ~ 1%	塑料或玻璃面霜罐	3 ~ 5天	置于阴凉处，避免阳光直射
19	药膏 142	外伤消炎、镇痛、止痒	3%	塑料或铝质药膏盒	60天	
20	贴布 148	舒缓肌肉紧张，减轻局部酸痛	3%	夹链袋	7天	

【固体状保养品】

包括洗面皂、护唇膏等，呈固体状。制作时可依喜好自己选择模型器皿，待凝固完成后，便能获得想要的独特形状。

	类别（页码）	基本功效	成品精油所占浓度	适合盛装器皿	保存期限	保存方法
21	洗面皂 100	清洁面部皮肤	0.5～1%	无	30天	置于阴凉处，避免阳光直射
22	护唇膏 142	滋养唇部肌肤，避免干燥皴裂	1%～2%	唇膏管或广口小药盒	60天	
23	浴盐 148	泡澡，清洁全身	3%	塑料面霜罐	60天	

ISSUE 03

只要选对精油产品，经济实惠又有效

10大便宜又好用的精油，全球芳疗达人必备！

本书所示范的48款精油保养品，皆采用10种常用且价格低廉的精油调配出来，以下介绍这10种精油的特色、疗效及相关知识，另外再介绍常用的30款精油及其功效。

精油及植物的特色

介绍植物的外观、用途及精油的颜色、主要功效。

香味系统

依精油的气味分为7大类：

香草系　柑橘系　花香系　东方香料系
树脂系　辛香系　树木系

精油名片

列出提炼精油的植物的科名、学名、主要产地、提炼部位与方法。

注意事项

购买或使用精油时需要特别留意及提醒的事情。

本书应用实例

本书188款保养品中，应用本精油的品项。

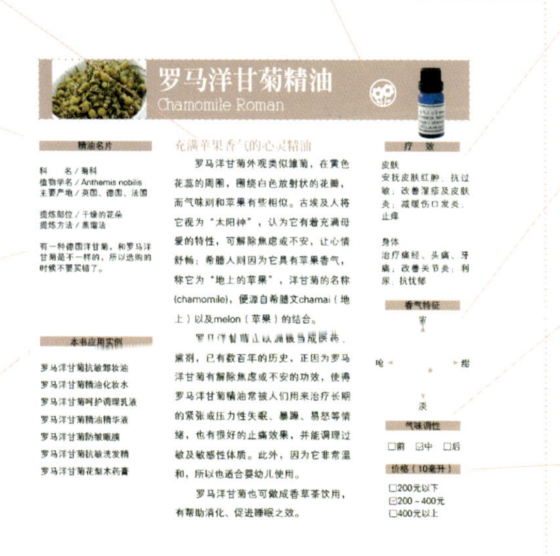

罗马洋甘菊精油
Chamomile Roman

精油名片

科　名／菊科
植物学名／Anthemis nobilis
主要产地／英国、德国、法国

提炼部位／干燥的花朵
提炼方法／蒸馏法

有一种德国洋甘菊，和罗马洋甘菊是不一样的，所以选购的时候不要买错了。

本书应用实例

罗马洋甘菊抗敏卸妆油
罗马洋甘菊精油化妆水
罗马洋甘菊呵护调理乳液
罗马洋甘菊精油精华液
罗马洋甘菊防皱眼膜
罗马洋甘菊抗敏洗发精
罗马洋甘菊花梨木药膏

充满苹果香气的心灵精油

罗马洋甘菊外观类似雏菊，在黄色花蕊的周围，围绕白色放射状的花瓣，而气味则和苹果有些相似。古埃及人将它视为“太阳神”，认为它有着充满母爱的特性，可解除焦虑或不安，让心情舒畅；希腊人则因为它具有苹果香气，称它为“地上的苹果”，洋甘菊的名称(chamomile)，便源自希腊文chamai（地上）以及melon（苹果）的结合。

罗马洋甘菊以前被当成医药、熏剂，已有数百年的历史，正因为罗马洋甘菊有解除焦虑或不安的功效，使得罗马洋甘菊精油常被人们用来治疗长期的紧张或压力性失眠、暴躁、易怒等情绪，也有很好的止痛效果，并能调理过敏及敏感性体质。此外，因为它非常温和，所以也适合婴幼儿使用。

罗马洋甘菊也可做成香草茶饮用，有帮助消化、促进睡眠之效。

疗　效

皮肤
安抚皮肤红肿；抗过敏；改善湿疹及皮肤炎；减缓伤口发炎；止痒

身体
治疗痛经、头痛、牙痛；改善关节炎；利尿；抗忧郁

香气特征

浓　呛　甜　淡

气味调性

☐前　☑中　☐后

价格（10毫升）

☐200元以下
☑200～400元
☐400元以上

疗效

列出精油对皮肤及身体的主要功效。

香气特征

依精油气味呛、甜、浓、淡的程度，标示出相对位置。

气味调性

如同香水一样，依精油所属气味，分成前调、中调或后调。

价格

以10毫升的瓶装为例，列出精油的价格范围。

PLUS

其他30款常用精油及适用症状对照表

市面上销售的精油琳琅满目，除了前文推荐必备的10款“超好用精油”外，我也将市面上较为常见且易于购得的30种精油列出来，由于它们具有调理荷尔蒙、平衡油脂、消炎抗菌、提升消化机能及安抚镇定神经等功能，所以常被应用于理疗舒缓人体的各种症状。现整理列表如下，以供大家参考。

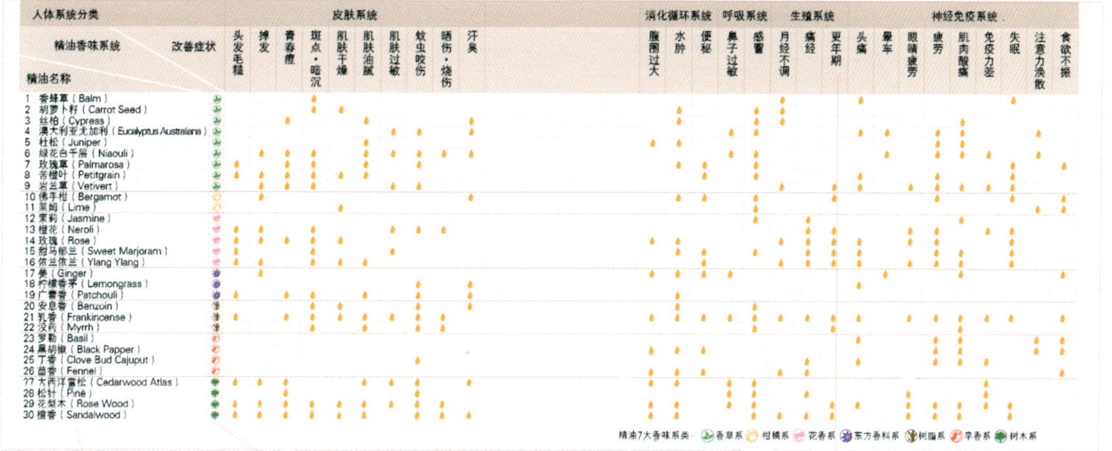

人体系统分类		皮肤系统										消化循环系统			呼吸系统		生殖系统			神经免疫系统								
精油名称	精油香味系统 \ 改善症状	头发毛糙	掉发	青春痘	斑点·暗沉	肌肤干燥	肌肤油腻	肌肤过敏	蚊虫咬伤	晒伤·烧伤	汗臭	腹围过大	水肿	便秘	鼻子过敏	感冒	月经不调	痛经	更年期	头痛	晕车	眼睛疲劳	疲劳	肌肉酸痛	免疫力差	失眠	注意力涣散	食欲不振
1 香蜂草（Balm）	香草系				●												●			●						●		
2 胡萝卜籽（Carrot Seed）	香草系				●	●							●			●	●											
3 丝柏（Cypress）	香草系			●			●				●		●			●	●							●				
4 澳大利亚尤加利（Eucalyptus Australiana）	香草系							●	●		●				●	●				●	●		●	●			●	
5 杜松（Juniper）	香草系						●					●	●										●	●				
6 绿花白千层（Niaouli）	香草系		●	●	●		●	●	●	●	●				●	●					●		●	●	●		●	
7 玫瑰草（Palmarosa）	香草系	●		●	●		●		●				●	●		●										●		●
8 苦橙叶（Petitgrain）	香草系	●	●	●	●	●	●							●		●				●			●			●		
9 岩兰草（Vetivert）	香草系		●	●	●			●	●								●		●	●		●	●	●	●	●		
10 佛手柑（Bergamot）	柑橘系		●								●		●	●		●			●				●			●		●
11 莱姆（Lime）	柑橘系					●										●											●	●
12 茉莉（Jasmine）	花香系															●		●						●				
13 橙花（Neroli）	花香系	●	●		●			●	●	●								●	●			●	●		●	●		
14 玫瑰（Rose）	花香系	●	●	●	●	●						●	●				●	●	●	●		●	●			●		
15 甜马郁兰（Sweet Marjoram）	花香系	●			●			●					●	●		●		●	●	●			●	●		●		
16 依兰依兰（Ylang Ylang）	花香系	●	●		●	●	●							●			●	●	●	●		●	●	●		●		
17 姜（Ginger）	东方香料系		●									●	●	●	●						●			●				●
18 柠檬香茅（Lemongrass）	东方香料系								●		●									●								
19 广藿香（Patchouli）	东方香料系	●		●	●		●		●		●		●															
20 安息香（Benzoin）	树脂系				●	●			●		●		●			●												
21 乳香（Frankincense）	树脂系	●		●	●	●	●	●	●	●		●	●	●	●	●	●	●	●	●		●	●	●	●	●		●
22 没药（Myrrh）	树脂系				●		●		●	●						●			●					●				
23 罗勒（Basil）	辛香系																			●			●	●			●	●
24 黑胡椒（Black Papper）	辛香系											●	●	●									●	●			●	●
25 丁香（Clove Bud Cajuput）	辛香系								●									●		●			●	●	●			
26 茴香（Fennel）	辛香系											●	●	●			●	●										●
27 大西洋雪松（Cedarwood Atlas）	树木系	●	●	●			●	●	●		●	●	●		●	●									●			
28 松针（Pine）	树木系			●					●						●	●		●				●			●			
29 花梨木（Rose Wood）	树木系	●	●	●	●	●	●	●	●	●		●	●		●	●			●	●		●	●	●	●	●		
30 檀香（Sandalwood）	树木系	●	●	●	●	●	●		●	●	●	●	●			●	●	●	●			●	●	●		●		

精油7大香味系类：香草系 柑橘系 花香系 东方香料系 树脂系 辛香系 树木系

精油名称

附中英文对照名称，并以香味系统、英文字母排列，方便检索。

精油香味系统

依精油的气味分为7大类。

改善症状

依人体器官系统分类：皮肤系统、消化循环系统、呼吸系统、生殖系统、神经免疫系统，详列常见症状。

罗马洋甘菊精油
Chamomile Roman

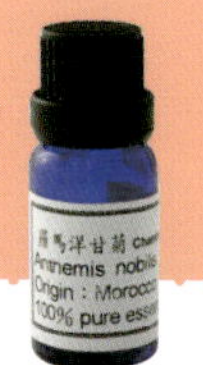

精油名片

科　　名 / 菊科
植物学名 / Anthemis nobilis
主要产地 / 英国、德国、法国

提炼部位 / 干燥的花朵
提炼方法 / 蒸馏法

有一种德国洋甘菊，和罗马洋甘菊是不一样的，所以选购的时候不要买错了。

本书应用实例

罗马洋甘菊抗敏卸妆油P054
罗马洋甘菊精油化妆水P077
罗马洋甘菊呵护调理乳液P080
罗马洋甘菊精油精华液P085
罗马洋甘菊防皱眼膜P108
罗马洋甘菊抗敏洗发精P114
罗马洋甘菊花梨木药膏P153

充满苹果香气的心灵精油

罗马洋甘菊外观类似雏菊，在黄色花蕊的周围，围绕白色放射状的花瓣，而气味则和苹果有些相似。古埃及人将它视为“太阳神”，认为它有着充满母爱的特性，可解除焦虑或不安，让心情舒畅；希腊人则因为它具有苹果香气，称它为“地上的苹果”，洋甘菊的名称(chamomile)，便源自希腊文chamai（地上）以及melon（苹果）的结合。

罗马洋甘菊在欧洲被当成医药、熏剂，已有数百年的历史，正因为罗马洋甘菊有解除焦虑或不安的功效，使得罗马洋甘菊精油常被人们用来治疗长期的紧张或压力性失眠、暴躁、易怒等情绪，也有很好的止痛效果，并能调理过敏及敏感性体质。此外，因为它非常温和，所以也适合婴幼儿使用。

罗马洋甘菊也可做成香草茶饮用，有帮助消化、促进睡眠之效。

疗　效

皮肤
安抚皮肤红肿；抗过敏；改善湿疹及皮肤炎；减缓伤口发炎；止痒

身体
治疗痛经、头痛、牙痛；改善关节炎；利尿；抗忧郁

香气特征

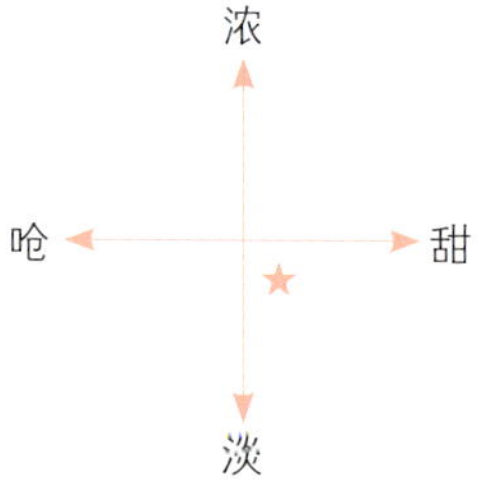

气味调性

☐前　☑中　☐后

价格（10毫升）

☐200元以下
☑200～400元
☐400元以上

快乐鼠尾草精油
Clary Sage

精油名片

科　　名 / 唇形科
植物学名 / Salvia sclarea
主要产地 / 法国、意大利

提炼部位 / 花、叶
提炼方法 / 蒸馏法

开车前及饮酒前后请勿使用，妇女怀孕期间亦避免使用。

本书应用实例

快乐鼠尾草平衡精华液P084
快乐鼠尾草精油洗发精P115
快乐鼠尾草精油头皮按摩油P121
快乐鼠尾草滋润指缘油P136
快乐鼠尾草镇痛贴布P156

医疗用途广泛的净化精油

快乐鼠尾草是鼠尾草（Sage）家族900多名成员其中的一种，花朵为穗状花序，唇形花冠是浅蓝或白色大型苞片，花苞有浅紫与白色斑点。

鼠尾草的名称来自于古拉丁文，原意为“我获得救护（I save）”，可见其功能就在于医疗，阿拉伯人甚至流传一句谚语：“一个人的花园中如果种植了鼠尾草，他怎么可能会死？”由此可见鼠尾草在古代医疗用途之广泛与效用之多。

快乐鼠尾草的俗名Clary Sage，推测是由拉丁文的“净化（clarus）”演变而来的，中世纪时的药草家称它为“清澈之眼”，因为它可以治疗各类眼疾。

快乐鼠尾草精油为淡黄色，具有坚果的香气，其最特殊的功效是可以调理女性激素，对痛经或是更年期都有很好的调理效果，而且还是有名的催情剂。

疗　效

皮肤
平衡油脂分泌；改善压力性掉发、雄性秃及头皮屑；预防及改善老化肌肤

身体
调整激素分泌；改善生理痛；治疗气喘、偏头痛

香气特征

浓
★
呛　甜
淡

气味调性

☐前　☑中　☐后

价格（10毫升）

☑200元以下
☐200～400元
☐400元以上

玫瑰天竺葵精油

Geranium Rose

精油名片

科　　名／牻牛儿苗科
植物学名／Pelargonium roseum
主要产地／法国、西班牙

提炼部位／花、叶
提炼方法／蒸馏法

孕妇不宜使用所有天竺葵类精油。

本书应用实例

玫瑰天竺葵深层卸妆油P056
玫瑰天竺葵抗皱眼霜P094
玫瑰天竺葵紧实眼膜P110
玫瑰天竺葵丝滑沐浴乳P124

高价玫瑰的替代精油

玫瑰天竺葵的叶片为掌状，上面覆盖着极细的绒毛，花朵为浅粉红或深粉红色，是200多种天竺葵中最为人熟知的品种。

玫瑰天竺葵精油为黄绿色，因为具有平衡皮肤油脂的功效，所以常被添加于化妆保养品中，也能安抚焦躁情绪、抗忧郁，对神经系统极有疗效。顾名思义，玫瑰天竺葵精油有着玫瑰般的香气，且含有玫瑰精油所含有的牻牛儿醇与香茅醇，还有与玫瑰精油相同的通经活血，强化子宫、卵巢及调节女性激素功能的作用，但价钱与纯质玫瑰精油有着10倍的差距，因此号称“穷人的玫瑰”。

玫瑰天竺葵叶质细嫩，可当食材及茶饮，也常被用作果酱或糕点的调味剂。

疗　效

皮肤

调整油脂分泌；肌肤保湿；促进伤口愈合；淡化痘疤

身体

改善水肿；调节荷尔蒙；强化泌尿及循环系统

香气特征

浓
呛　★　甜
淡

气味调性

☐前　☑中　☐后

价格（10毫升）

☐200元以下
☑200～400元
☐400元以上

葡萄柚精油

Grapefruit

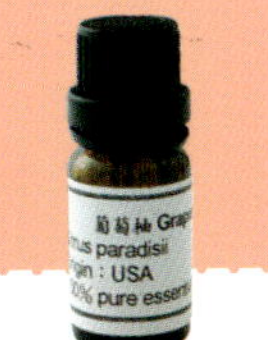

精油名片

科　　名／芸香科
植物学名／Citrus paradisi
主要产地／美国、以色列

提炼部位／果皮
提炼方法／压榨法

日晒前尽量不要使用，以免引起光敏性。

本书应用实例

葡萄柚焕颜卸妆凝露P060
葡萄柚控油洁颜慕丝P064
葡萄柚精油去角质霜P071
葡萄柚亮肌化妆水P076
葡萄柚玫瑰浴盐P126
葡萄柚紧腹按摩油P147
葡萄柚美腿按摩油P149

香甜清新的解忧精油

叶子狭长，呈深绿色，花为四瓣白色，果实外皮为黄橙色，呈圆球形，又常数十个簇生成穗，形似葡萄。味道酸中带甜的果肉，因形状如同柚子果肉的水滴状，故名为"葡萄柚"。依果肉颜色，有白色、粉红、红色及深红等不同品种。最常见的用途是水果或用于食品加工，做成果汁或甜点。

葡萄柚精油呈淡黄色，气味有着和新鲜葡萄柚非常接近的香甜感。使用葡萄柚精油会带来清新舒畅的感觉，尤其在心情烦闷紧张时，葡萄柚的气味可以使人冷静下来，所以被认定是最能抗忧郁的精油之一，且因其能刺激淋巴系统，促进身体体液循环，改善橘皮组织，所以也是调配减肥按摩油时不可或缺的成分。

疗　效

皮肤

平衡油脂分泌；改善橘皮组织

身体

帮助淋巴循环；强化肝、胃功能；增进食欲；治疗紧张型忧郁、头痛

香气特征

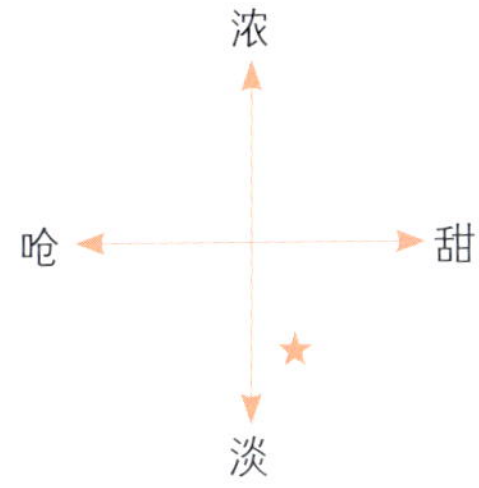

气味调性

☑前　□中　□后

价格（10毫升）

☑200元以下
□200～400元
□400元以上

纯正薰衣草精油
Lavender True

精油名片

科　　名／唇形科
植物学名／Lavandula angustifolia
主要产地／法国、英国

提炼部位／花顶
提炼方法／蒸馏法

不同品种的薰衣草疗效及刺激性均不太相同，购买时请确定品种。

本书应用实例

薰衣草橄榄保湿洗面皂P066
薰衣草精油去角质霜P071
薰衣草精油乳液P083
薰衣草修复护唇膏P096
薰衣草精油护唇膏P099
薰衣草精油面膜P105
薰衣草纾压头皮按摩油P119
薰衣草精油指缘油P137
薰衣草蜂蜡药膏P152
薰衣草凡士林药膏P153

使用范围广泛的万用精油

薰衣草窄长的叶子呈灰绿色，茎干甚长，花朵呈蓝紫色，上面覆盖星形细毛，因其有很好的杀菌效果，古罗马人常用它来泡澡和清洁伤口，所以，薰衣草的拉丁词根“Lavare”的意思就是“洗”，也有人将薰衣草用于防虫蛀及保持衣物或室内清香。

薰衣草精油并不如它的花朵般呈现蓝紫色，而是接近透明无色，因其有很好的杀菌、止痛与镇定安抚作用，而且较温和，各种人或肌肤皆可使用，所以在各种形式的芳疗中都能看到它的身影，无论是稀释后的涂抹、泡澡、吸嗅，或是加入护肤产品中，都使得薰衣草精油成为使用范围最广的“万用精油”。

此外，薰衣草也是著名的食材，常用来作为花草茶饮，或是果酱及入菜香料。

疗　效

皮肤

治疗烧烫伤；促进细胞再生；修护细胞；消炎；治疗湿疹、皮肤炎

身体

平衡神经系统；改善肌肉酸痛；改善消化不良、便秘；消炎止痛

香气特征

浓
呛　★　甜
淡

气味调性

☑前　□中　□后

价格（10毫升）

☑200元以下
□200～400元
□400元以上

柠檬精油
Lemon

精油名片

科　　名 / 芸香科
植物学名 / Citrus limonum
主要产地 / 意大利、西班牙

提炼部位 / 果皮
提炼方法 / 压榨法

柠檬精油可能会引起光敏感，使用后肌肤应避免受到紫外线照射。

本书应用实例

柠檬紧致洁颜慕丝P062
柠檬精油洁颜慕丝P065
柠檬调节油脂去角质霜P070
柠檬嫩白乳霜P088
柠檬美白保湿面膜P104
柠檬去角质指缘油P134

清甜微酸的美白精油

柠檬是常绿灌木，春季开白色带紫色的小花，花瓣呈放射状，果实外形呈椭圆形，顶部有乳头状突起，含有大量维生素及钙、铁等，营养价值极高。主要为榨汁用，有时也用作烹饪调料，但极少拿来鲜食。

提炼出的柠檬精油为淡黄并带有一点绿色，有着柠檬果实的清新、鲜甜而微酸的气息。最重要的功能是可以刺激人体产生抵抗力，在治疗感染病或外伤伤口时，是不可或缺的精油种类，而其有美白、收敛的功效，也使得它被大量运用在各式保养品中。但要注意的是，虽然柠檬精油用途很广，但它属于容易刺激皮肤的精油，使用前务必稀释到1%的浓度。

疗　效

皮肤

美白；消毒杀菌；头皮调理；软化角质；止痒；收敛油脂分泌

身体

增强免疫力；改善静脉曲张、消化不良、关节疼痛

香气特征

浓
呛　　甜
★
淡

气味调性

☑前　□中　□后

价格（10毫升）

☑200元以下
□200～400元
□400元以上

甜橙精油

Orange Sweet

精油名片

科　　名 / 芸香科
植物学名 / Citrus sinensis
主要产地 / 以色列、意大利、美国

提炼部位 / 果皮
提炼方法 / 压榨法

甜橙精油可能会引起光敏感，使用后肌肤应避免受到紫外线照射。

本书应用实例

甜橙柔肤去角质霜P072
甜橙精油化妆水P079
甜橙水润保湿眼霜P092
甜橙保湿护唇膏P098
甜橙焕采按摩油P102
甜橙纾压洗发精P116

抗忧镇定的温暖精油

甜橙种类多达400种，是柑橘类中品种最多的水果，树叶片呈有锯齿状的椭圆或卵圆形，开白色小花，结橘黄色圆形果实，滋味甜中带酸，可以剥皮鲜食果肉，也可榨汁，或是作为食品原料。

甜橙精油是使用压榨法萃取甜橙皮所得，有浓浓橘子的香气，是许多人都喜欢的幸福气味，可以让人感到愉快，并且充满阳光般的温暖感觉，呈现深金黄色泽，是能抗忧郁、温和镇定的精油，是帮助肌肤增生胶原蛋白的最佳精油。甜橙精油是榨取果皮，而橙花精油则是萃取花瓣，但因为是同种植物，所以两者具有类似的性质，皆有抗忧郁、温和镇定的效果，但甜橙精油的味道更为温暖，仿佛保留了果实成熟所吸收的大量阳光，更适合让人变得心情愉快。

疗　效

皮肤

促进细胞代谢；促进皮肤产生胶原蛋白；调理油脂分泌

身体

改善消化不良、失眠；抗忧郁

香气特征

浓 / 淡 / 呛 / 甜 ★

气味调性

☑前　□中　□后

价格（10毫升）

☑200元以下
□200～400元
□400元以上

薄荷精油

Peppermint

精油名片

科　　名 / 唇形科
植物学名 / Mentha piperita
主要产地 / 匈牙利、保加利亚

提炼部位 / 叶
提炼方法 / 蒸馏法

怀孕及哺乳中的女性不宜使用；因容易造成过敏，一定要稀释使用。

本书应用实例

薄荷修护抗敏乳霜P090
薄荷精油护唇膏P097
薄荷精油洗发精P115
薄荷精油头皮按摩油P119
薄荷精油沐浴乳P123
薄荷清爽护手霜P130
薄荷精油指缘油P135
薄荷肩颈按摩油P140
薄荷清凉药膏P154

提神醒脑的清凉精油

薄荷花为淡紫色，叶子边缘有锯齿，其气味清凉，有强劲的穿透力，古代的罗马人就知道用薄荷来改善消化不良的症状，也会用薄荷来制酒，还被希伯来人作为制造香水的原料。

传说薄荷的学名“Mentha”，是从希腊神话中的妖精Mentha得来。传说Mentha是冥界之神哈德斯所爱的妖精，有一次，哈德斯的妻子发现Mentha在哈德斯怀里，她便将Mentha变成一株薄荷。

薄荷精油最广为人知的功用就是提神醒脑，还有助于改善呼吸道的疾病，可治哮喘、支气管炎、肺炎及肺结核。除了提炼出淡黄色的精油，也广为中医界所应用，并因其独特的气味，而被广泛运用于药品、食品、饮料、烹饪等领域。

疗　效

皮肤

平衡油脂分泌；预防蚊虫叮咬；止痒；晒后皮肤修护

身体

治疗感冒、腹泻、消化不良、呕吐和反胃；改善头痛；缓解鼻塞

香气特征

浓（上）　淡（下）　呛（左）　甜（右）　★位于淡、呛之间

气味调性

☑前　□中　□后

价格（10毫升）

☑200元以下
□200～400元
□400元以上

迷迭香精油
Rosemary

精油名片

科　　名 / 唇形科
植物学名 / Rosmarinus officinalis
主要产地 / 西班牙、法国

提炼部位 / 叶
提炼方法 / 蒸馏法

癫痫病患者、脑部曾有创伤者、孕妇避免使用，高血压患者小心使用。

本书应用实例

迷迭香平衡油脂化妆水P078
迷迭香紧致保湿乳液P082
迷迭香绿矿泥抗痘面膜P106
迷迭香净化头皮按摩油P120
迷迭香肌肉酸痛贴布P158

增添食物风味的香料精油

迷迭香的叶子为对生针状，叶背长有短毛，花朵则因品种不同，有紫色、蓝色、粉红或白色。最初产于地中海沿岸，所以它的学名是由拉丁文“ros”和“marinus”结合而成，意思是“大海的朝露”。

迷迭香是最早用于医药的植物之一，中世纪便有利用燃烧迷迭香作为消毒熏剂的记载；而它也因为有很好的杀菌功效，在古代没有冰箱时，能用于延缓肉品腐烂，演变至今，在传统的地中海料理中，常会用新鲜或干燥的迷迭香叶子做成香料，来增加食物风味，也可以作为花草茶的原料。迷迭香还可以用来作为庭园观赏植物，很容易养活，很适合园艺初学者种植。迷迭香精油呈淡黄色或无色，常用于肌肤保养及头皮护理，使肌肤紧致年轻，并有减少掉发与增加头发光泽的作用。

疗　效

皮肤
紧实肌肤；护理头皮

身体
改善呼吸系统；改善头晕；集中注意力；刺激脑细胞活化

香气特征

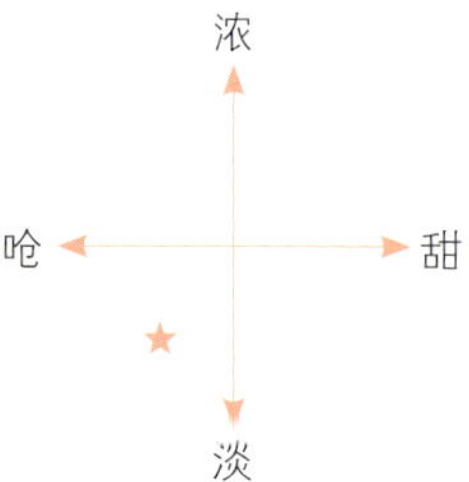

气味调性

☑前　☐中　☐后

价格（10毫升）

☑200元以下
☐200～400元
☐400元以上

茶树精油
Tea Tree

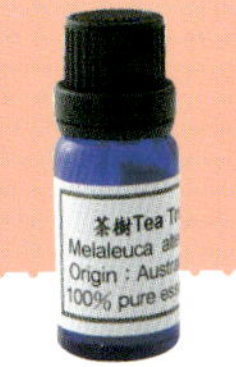

精油名片

科　　名／桃金娘科
植物学名／Melaleuca alternifolia
主要产地／澳大利亚、新西兰

提炼部位／叶
提炼方法／蒸馏法

本书应用实例

茶树控油卸妆凝露P058
茶树精油洁颜慕丝P065
茶树除痘精华液P086
茶树皮脂调理按摩油P100
茶树精油面膜P107
茶树抗痘沐浴乳P122
茶树抗菌护手霜P132

疗愈伤口的杀菌精油

茶树最早发现于澳大利亚，它是一种很小的常青树，叶片细长如松树一般，带有清新的香味，它传统名称为“Ti-Tree”，目前的“Tea Tree”是新拼法，虽然被称为茶树，却与我们喝的茶及茶叶无关，是不同的植物，不要混淆了。

据说澳大利亚土著受伤时，将茶树叶捣碎敷在伤口上，可以帮助伤口消毒，加速康复；被毒蛇咬伤时，也可用茶树作为解毒良方；甚至在第二次世界大战时，军人们还用它来给伤口消毒。

茶树精油呈浅黄色或无色，其最大的特色就是有很好的消毒杀菌的功效，尤其是对抗霉菌，广泛运用在各类清洁保养用品，如洗发精、沐浴乳、牙膏、肥皂等。

疗　效

皮肤
消毒杀菌；治疗青春痘、脚气

身体
治疗呼吸道感染、蚊虫叮咬、感冒；提高免疫力

香气特征

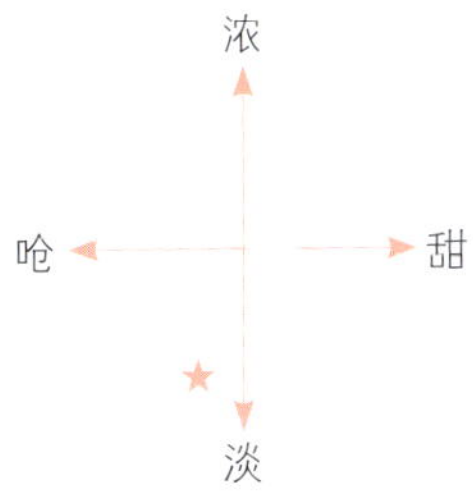

气味调性

☑前　☐中　☐后

价格（10毫升）

☑200元以下
☐200～400元
☐400元以上

PLUS

其他30款常用精油及适用症状对照表

人体系统分类	皮肤系统									
精油香味系统 / 改善症状 / 精油名称	头发毛糙	掉发	青春痘	斑点·暗沉	肌肤干燥	肌肤油腻	肌肤过敏	蚊虫咬伤	晒伤·烧伤	汗臭
1 香蜂草（Balm）				●						
2 胡萝卜籽（Carrot Seed）				●	●					
3 丝柏（Cypress）			●			●				●
4 澳大利亚尤加利（Eucalyptus Australiana）							●	●		●
5 杜松（Juniper）						●				
6 绿花白千层（Niaouli）		●	●	●		●	●	●	●	●
7 玫瑰草（Palmarosa）	●		●	●		●		●		
8 苦橙叶（Petitgrain）	●	●	●	●	●	●				
9 岩兰草（Vetivert）		●	●	●			●	●		
10 佛手柑（Bergamot）		●								●
11 莱姆（Lime）					●					
12 茉莉（Jasmine）										
13 橙花（Neroli）	●	●		●			●	●	●	
14 玫瑰（Rose）	●	●	●	●	●					
15 甜马郁兰（Sweet Marjoram）	●			●			●			
16 依兰依兰（Ylang Ylang）	●	●		●	●	●				
17 姜（Ginger）		●								
18 柠檬香茅（Lemongrass）								●		●
19 广藿香（Patchouli）	●		●	●		●		●		●
20 安息香（Benzoin）				●	●			●		●
21 乳香（Frankincense）	●		●	●	●	●	●	●	●	
22 没药（Myrrh）				●		●		●	●	
23 罗勒（Basil）										
24 黑胡椒（Black Papper）										
25 丁香（Clove Bud Cajuput）								●		
26 茴香（Fennel）										
27 大西洋雪松（Cedarwood Atlas）	●	●	●			●	●	●		●
28 松针（Pine）			●					●		
29 花梨木（Rose Wood）	●	●	●	●	●	●	●	●	●	
30 檀香（Sandalwood）	●	●	●	●	●	●		●	●	●

市面上销售的精油琳琅满目，除了前文推荐必备的10款“超好用精油”外，我也将市面上较为常见且易于购得的30种精油列出来，由于它们具有调理激素、平衡油脂、消炎抗菌、提升消化机能及安抚镇定神经等功能，所以常被应用于理疗舒缓人体的各种症状。现整理列表如下，以供大家参考。

	消化循环系统			呼吸系统		生殖系统			神经免疫系统								
	腹围过大	水肿	便秘	鼻子过敏	感冒	月经不调	痛经	更年期	头痛	晕车	眼睛疲劳	疲劳	肌肉酸痛	免疫力差	失眠	注意力涣散	食欲不振
						●			●						●		
		●			●	●											
		●			●	●							●				
				●	●				●	●		●	●			●	
	●	●					●					●	●				
				●	●					●		●	●	●		●	
		●	●		●										●		●
			●		●				●			●			●		
						●		●	●		●	●	●	●	●		
		●	●		●			●				●			●		●
					●											●	●
					●		●						●				
							●	●			●	●		●	●		
	●	●				●	●	●	●		●	●			●		
		●	●		●		●	●	●			●	●		●		
			●			●	●	●	●		●	●	●		●		
	●	●	●	●						●			●				●
									●								
		●															
		●			●												
	●	●	●	●	●	●	●	●	●		●	●	●	●	●		●
					●			●					●				
									●			●	●			●	●
	●	●	●									●	●			●	●
							●		●			●	●	●			
	●	●	●			●	●										●
	●	●		●	●									●			
				●	●		●				●			●			
	●	●		●	●			●	●		●	●	●	●	●		
	●	●			●	●	●	●			●	●	●		●		

精油7大香味系类：香草系 柑橘系 花香系 东方香料系 树脂系 辛香系 树木系

ISSUE 04
购买精油入门须知，质地纯度很重要

7个关键词，帮你快速辨别精油品质的好坏

使用质地精纯的天然精油，能对人体产生很大的帮助及作用；相反，如果用到化学合成的香精或香料，不仅白花冤枉钱，还可能对健康造成极大的隐患。

学会如何辨别精油是很重要的一件事，但如何判断精油好坏这个问题看似简单，却不容易回答，因为即便是出自同一品牌的同一种精油，只要产地或出产萃取的时间不同，香味也会不一样，所以，“经验”十分重要。

如果你已经是精油玩家，相信买精油对你来说已经不是什么难事，但如果你是“新手上路”，买精油可就要特别小心了。第一件要学的事是分辨精油真假，再来就是要求好的品质。下列7个关键词，可以帮助你快速掌握辨别精油的入门技巧，作为你选购精油时的参考。

Keyword 1 【品牌】

对新手来说，还是尽量选购已有知名度的品牌，尤其是具备"有机栽种认证"者更好，虽然价格可能较高，但相对也较有保障。目前国内外都有知名品牌，有些还会提供精油相关的分析研究资料，不妨作为购买时的比较参考。不过，不可讳言的是，大品牌的精油售价中所加入的营销费用也相对较高，所以除了品牌，也要注意纯度等其他重点。

ECOCERT欧盟有机认证标志

欧盟EU有机农产标志

USDA美国有机农产品标志

Keyword 2 【纯度】

正常的精油纯度为100%，但除了薰衣草等极少数种类的精油，如果未经稀释，大多不能直接用于皮肤，以免过度刺激。也因此，在购买时，如果是可以直接涂抹在皮肤上的精油，一定是掺入了某些缓冲物质，并非纯质精油。不过，仍有许多厂商会在已经稀释的精油，甚至是化学合成的香精产品包装上标示"100%纯精油"，一定要特别注意，以免上当破财，还可能伤身哦！

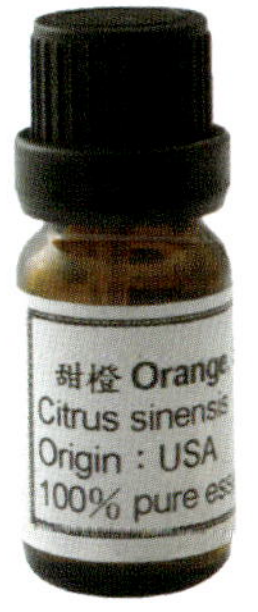

Keyword 3 【香气】

一般而言，除非植物本身气味独特，不然大多数天然植物的味道应该不致让人感到不舒服，或是太过浓烈。购买精油时，最好能先闻

闻味道，但千万不要直接拿起精油瓶就闻，以免过度刺鼻、造成嗅觉疲劳。只要将精油瓶盖放在鼻下3～5厘米处轻轻旋转晃动，让精油的香气与空气结合，这样就能闻到精油真正的味道。若有廉价香水的或令人不适的感觉，就有可能是化学合成物的混合品，与天然精油相比，不仅原料成本相差百倍，更有危害身体健康的可能。

Keyword 4 【价格】

若以从国外购买、含运费为例，一般单方100％天然纯精油的价位，10毫升至少在80～100元以上。像果实类的甜橙、柠檬、葡萄柚等精油，因取得较易，价格也比较便宜，每10毫升只要60元左右；但玫瑰、橙花、永久花等精油，由于取得困难，每10毫升就要价上千元，因此，大家要有“精油价格与精油取得难易度成正比”的观念。植物的产地及栽种方式（譬如野生、有机之类）、萃取方式（压榨或蒸馏等）、采收方式（人工或机器），以及植物品种等因素，都会直接影响品质，由于疗效相差悬殊，也会影响精油的价格。因此，如果在小店或地摊上看到50元一大瓶的玫瑰精油，也就不难猜出其成分及真伪了。

“卫生纸测试法”，教你简单辨别精油品质！

将精油滴在卫生纸上，若为纯精油，干了之后大多只会留下精油本身的颜色及香气，除了一些较浓稠的精油，如檀香、安息香、广藿香等，会留有一点点油渍，一般来说，油渍不会很明显，有些甚至看不见；但如果是稀释过的精油，油渍就会很明显，气味也会较淡。

不是纯质精油，留下的油渍较为明显。

纯精油滴在卫生纸上，干了之后油渍不太明显。

Keyword 5 【产地】

每种植物都有正统的代表产地，因为当地的温度、湿度、海拔高度等环境条件，对于植物的栽培与养成，都有很大的影响，所以，若在购买精油之前能对“哪些植物盛产于什么地方”有一些基本概念，那么，在选择的时候，也较容易作出正确判断，不会漫无目的。

Keyword 6 【标示】

有关精油产品的包装与相关标示，当然是越清楚越好，包括精油名称（最好是拉丁学名，因为中文名称用法差异很大，各地称谓可能完全不同）、植物种植地、萃取部分、萃取方式、容量、精纯度、是否经过稀释，以及厂商资料等，有的还会标注使用方法和使用量，可以看出该品牌对产品的负责程度。

Keyword 7 【渠道】

不管是在美容中心、商场专柜，还是网店选购精油，这里要强调的是“卖家的专业度”很重要，因为借由与对方的咨询互动，就能观察出其所售的产品有没有问题。举例来说，过去在我还没进入正统的芳疗学习时，也曾傻傻地花了不少钱去买茉莉绿茶精油、麝香精油、草莓精油等产品，直到后来才知道，基本上“没有油囊的植物”是无法萃取出精油的，也就是说，绿茶没有精油可取，麝香属于动物性的香料，至于草莓、葡萄、芒果等水果，也不可能有精油！因此，自己要有一点基本知识，购买时才能跟卖家对谈，进而从其专业度来协助判断该家精油品质如何。

ISSUE 05
自己调制精油用品，基础配备不可少

17种工具、33种常用材料，清晰图解大公开

工具

01 避光压／喷头瓶

避光瓶多为深蓝色、绿色、褐色，主要作用为隔离光线照射；而避光瓶上的盖子则因应盛装不同性状的成品而有所变化，有喷头、短压头与长压头等。

02 烧杯／量杯

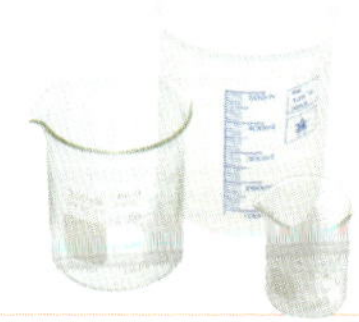

烧杯通常由玻璃制成，一侧有一个槽口，便于倾倒液体，也可以加热，外壁标有刻度，可估计液体体积。量杯则多为塑料制成，有刻度但无法加热。

03 慕丝空瓶

这种容器的特殊压头运用物理原理，可将瓶中液状物经由压挤而喷出细腻泡沫，也就是慕丝状。

04 唇膏管／盒

专门用来盛装唇膏，塑料管下有底座与转轴，转动转轴时，唇膏就会随轴上升或下降；也可用小容量的盒子来装盛唇膏。

05 指甲油瓶

多为玻璃或塑料瓶身，瓶盖附有细长刷毛，用以蘸取液体刷在指甲表面。

06 乳霜盒／罐

用来盛装霜状物或膏状物的容器，有塑料、玻璃、压克力等材质，并有各种大小不同容量。

07 搅拌棒

多半为细长的玻璃棒，用以搅拌混合液体或浓稠物质。也有木头材质，即一般咖啡搅拌棒。

08 空针筒

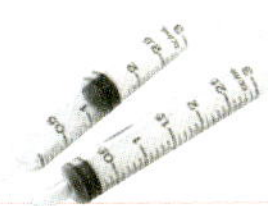

抽取少量液体用，使用时须将最前端的金属长针拿掉。每抽取过一种溶液后，一定要清洗干净再抽取下一种，以避免污染。也可多备几支，以便抽取不同溶液使用。

09 电子秤

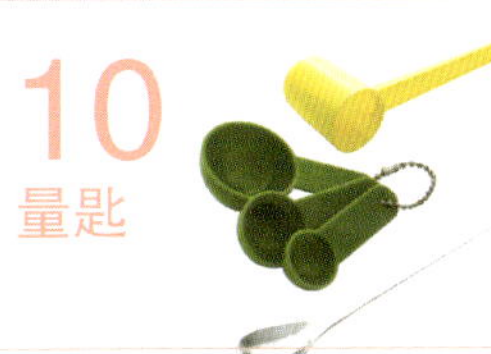

以充电或插电方式显示被称物品的重量，用来替代传统磅秤，除可节省计算时间，还更为精准。

10 量匙

用来挖取粉状或颗粒物，不同大小各有固定容量。

11 包皂用保鲜膜

PVC（聚氯乙烯）保鲜膜无毒，韧性高，比家用保鲜膜的效果更好，适合包装手工香皂。

12 电磁炉/瓦斯炉

多半用来隔水加热，使固体受热变液状。

13 皂模

储放皂液的模具，使皂体凝固后呈特定形状，有硅胶及塑料等材质。

14 剪刀/美工刀

切割、剪裁工具，主要用来裁切包皂保鲜膜。

15 胶带

宽窄不限，透明者为佳，主要用来粘贴及固定包皂保鲜膜。

16 切刀/砧板

金属刀及木质砧板较佳，主要用于切皂基，须与切食物者分开。

17 挖棒

扁平的棒状物，用以代替手指，取出胶状或膏状的物质。

材料

01 荷荷巴油（液态蜡）

指从荷荷巴树的种子所榨出的金黄色液态蜡，特殊之处在于它是一种结构特别的“蜡酯”，与人类皮脂结构相似度很高，可以渗透表皮，因而常用于保养品及按摩使用，尤其适合干性及敏感性肌肤。保存期较久、不易变质，与其他基底油混合使用，可延长保存期限，是最常使用的基底油。

02 葵花子油

从大型葵花的子里所提炼的淡黄色油脂，具有良好的保湿功能，也因富含维生素E，是天然的抗氧化剂。易被皮肤吸收，质感清爽，因此除了当做食用油，也常见用于各种化妆品及护肤用品。

03 月见草油

月见草种子制成的油，呈黄绿色，含有大量的亚麻油酸、维生素与矿物质，可滋养皮肤、减少水分流失，提高肌肤含水量，也有助于激素的调理，促进老化细胞代谢。保存期限较短，使用时须注意是否变质。

04 葡萄籽油

榨取自葡萄籽，富含花青素，呈淡黄色、淡绿色或深绿色。质感清爽，抗氧化效用显著，定期使用有助皮肤细胞抗衰老、保弹性，还包含大量亚麻油酸，有去痘与保湿功效。

05 橄榄油

从橄榄果中榨取出来的绿色油脂，富含易被皮肤吸收的脂溶性维生素，可促进血液循环、改善皮肤干燥脱屑皲裂，还能用于卸妆、护发等美容保养用途。气味较重，可依个人喜好调整比例。

06 苦茶油

与茶油不同，苦茶油是由苦茶树种子榨取而来，有“东方橄榄油”之称，较好的苦茶油偏黄绿色，富含单元不饱和脂肪酸，能预防皮肤损伤和衰老，使皮肤具有光泽。

07 纯水

没有杂质的纯净水。可用市售矿泉水，或家用净水器过滤出的小分子水。

08 小麦胚芽油

取自小麦胚芽，呈橘褐色，气味浓稠，富含丰富维生素E，是天然抗氧化剂。可软化肌肤、促进细胞再生，有助抚平疤痕，防止皱纹及妊娠纹产生，特别适用于熟龄肌肤。

09 植物性甘油

存在于植物性油脂中，经由糖类发酵或脂肪水解制得，可加强皮肤的保护层，并且具有很好的保湿作用。

10 天然盐

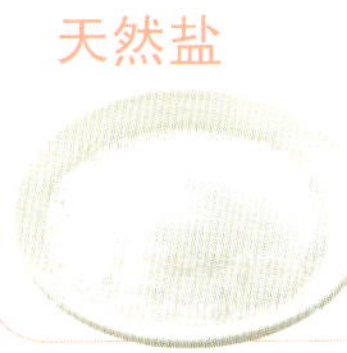

海水经日晒结晶而成，颗粒较粗，内含钠及微量的碘、锰、锌、钾等矿物质，可促进排出细胞内的老化物质，但用于身上时，请选择颗粒较细者，以免摩擦受伤。

11 玫瑰盐

主要产于喜马拉雅山及安第斯山，因为含有丰富的天然铁质，故呈粉红色，可用于泡澡、沐浴、食用等各方面。

12 天然核桃颗粒

富含天然油脂，具有深层清洁、去角质、软性换肤等功能，颗粒直径0.2～0.4毫米，多用于制成面部或身体去角质霜。

13 绿矿泥面膜粉

绿矿泥富含矿物质，具有去角质和深层清洁的功能，适合油性肌肤使用，最常用于做面膜。

14 高岭土面膜粉

高岭土是白色的黏土，质地中性，触感温和，吸附性强，是美容与药妆界最常用的泥浆。干燥粉末常用来做面膜粉，与其他的面膜粉调和，作为面膜的基底粉。

15 玫瑰土面膜粉

玫瑰土含有天然的矿物质元素，是粉红色的粉末，性质温和，适合中性及干性皮肤使用，有促进皮肤循环的功能，还可淡化疤痕，使肌肤明亮。

16 凡士林

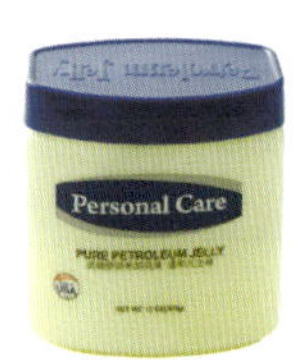

一种石化制胶状物，是从石油提炼出来的副产品，即矿脂（petrolatum）。由于封闭性高，所以极为防水，只要适时、适当、适量地使用，对于皮肤的安全性及保湿修护性都相当好，也可用于直接涂抹皮肤，保湿效果佳。

17 透明乳化剂

用于制作卸妆油，直接加入油中即可调出卸妆油。水溶性及油溶性皆佳，使用时，在掌心与水混合后，轻轻搓揉即有良好的乳化效果，无须添加太多，以免伤害皮肤。

18 简易乳化剂

常用于制作乳液与乳霜，目的是促使油水相融。不必加热，即可直接添加在水与油中。市面上销售的产品有清爽型与滋润型，可依皮肤状况购买。

19 椰子油增稠剂

配合起泡剂使用，可增加产品的浓稠度，多应用在清洁用品制作上。

20 氨基酸起泡剂

一种天然的植物性起泡剂，由蔗糖提炼而成，较温和，泡沫也较细致，但价格较高。适合敏感型肤质使用，有钾型和钠型两种，钾型保湿度较佳。

21 弱酸性起泡剂

最常用的起泡剂，淡黄色液体，呈弱酸性。具良好的清洁起泡力，多用于洗发精和化妆保养品中，适合出油、长痘痘的皮肤。

22 两性界面活性剂

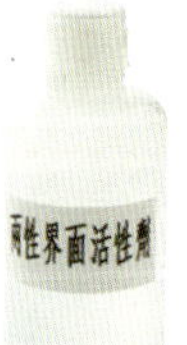

凡含有油脂与水分的化妆保养品，都需要借助适当的界面活性剂，来使油和水“乳化”，两性界面活性剂是界面活性剂中质地较为温和不刺激的。

23 皂基

指将制皂过程中最难的部分先完成的一种半成品，使用时，只需隔水加热、滴入精油、入模及干燥后，再取出即可。常见的种类有无患子皂基、橄榄油皂基、葡萄籽油皂基。

24 眼膜纸

一般多为纯天然植物纤维制，使用时连同精华液敷在眼睛四周，目的在于帮助肌肤吸收液状或胶状保养品。

25 乳油木果脂

从乳油木果仁提炼出来的油脂，具有抗炎、修护、促进肌肤愈合的功效，并可吸收紫外线，是一种天然的防晒品。

26 食用色素

用于肥皂染色，虽然也可采用非食用色素，但还是建议使用食用色素，因为对人体产生的刺激性较小。

27 蜂蜡

一种工蜂腹部的蜡腺所分泌的脂肪性物质，具有舒缓、柔软、保持肌肤水润等功能，用途广泛，是现代工业中应用最广的动物性蜡质，常用于化妆保养品、药品等。

28 高分子聚合胶

一种介于固体和液体之间的混合物，具有易于变形，含有大量溶剂的特点，用于保养品时，多用来制作精华液、面膜。

29 酒精

酒精可以消除皂液倒入皂膜时产生的小气泡。95%的酒精或75%的酒精都可以拿来使用。

30 Tween#20 乳化剂

一种较亲水的乳化剂，易溶解、不黏腻、无沉淀物，有助溶解彩妆及毛孔内污垢，大多用在清爽型的产品中。

31 纱布

用于医疗、包扎用的消毒纱布。尺寸很多，一般使用10厘米×10厘米或8厘米×8厘米的纱布。

32 贴布

具有黏性的不织布材质，用来将涂有自制精油药膏的纱布固定于身体部位。

33 夹链袋

塑料袋的一种，有各种规格。开口处以两条塑料条接合，可使袋口完全密合，用于保存物品。

ISSUE 06
正确掌握相关知识，使用精油超放心

16大观念问题，建构你对精油的全面了解

Q1 精油是什么？

A: 许多植物本身具有油囊，而"精油"是从植物油囊萃取出来的一种液体物质，具有气味芬芳、浓度强烈、挥发性高、香味不持久、可被稀释等特性，但它并不油腻，质感反倒有些涩涩的，在遇热或是日光照射时，很容易氧化。也因为精油含有相当复杂的成分，所以大都具有抗菌抗敏、安抚情绪、缓和紧张、舒缓病症的作用。

Q2 精油是怎么来的？

A: 精油是从植物的不同部位，包括根、茎、树皮、枝干、叶、花朵、果皮及果实之中采集而来，主要经过摘采、洗净、萃取、成品等程序，但不是每种精油都要经过这些过程，有些则还需要额外进行"发酵"。

在萃取阶段，又有蒸馏法、溶剂萃取法、冷压榨法、脂吸法等不同方式，其中，蒸馏法中的水蒸气蒸馏法是最早被用来制造精油，也是最普遍最常见的一种，而且，有些萃取方法的后续程序，也需要用到蒸馏法以取得精油。大致说来，多数精油来自用蒸馏法萃取；至于果实类的精油则多由压榨法取得；至于蒸馏来的精油会有副产物，就是所谓的纯露。

【精油的4大萃取法】

精油萃取法		萃取过程概述
1	水蒸气蒸馏法	（1）将要用来制造精油的植物部位洗净晾干，并放进蒸馏器中。 （2）蒸馏器中加水，底部以火加热。 （3）植物受热后，会蒸发出水汽与油汽，向上散发，并且穿过顶端出口、抵达冷却槽，形成精油浓缩液。 （4）经冷却，精油浓缩液中的油分离，漂浮于水面，经过收集与隔离后，再经简易加工，制作成罐，即完成精油成品。
2	溶剂萃取法	（1）将植物部位（通常是花朵）与挥发性溶剂加以融合、浸泡，再将混合溶液放进特制容器中。 （2）采取电热方式，以温火慢慢加热，待石油精挥发后，可取得一定分量的芬芳物质混合液——这就是植物精油的最原始状态。 （3）将混合液加以过滤，会再生成一种稠状物。 （4）在稠状物中倒入酒精，并以同方向慢慢搅拌，使充分融合。 （5）待稠状物溶解至酒精中并冷却后，再经一次过滤，让酒精蒸发，所余物质就是萃取后所得的精油。
3	冷压榨法	（1）将植物的果实或果皮部位，以人工或机器加以压挤或磨碎。 （2）再收集植物破损细胞流出的油脂和果汁。 （3）从海绵中分离出精油即可。
4	脂吸法	（1）在以木框镶嵌的玻璃板上涂一层脂肪（多为猪油或牛油）。 （2）把采集来的植物花朵铺洒在这层脂肪上。 （3）静置几天，让花瓣中的精油被脂肪吸收。 （4）将木框反置，让花朵自行掉落，再翻过来，铺上新的花朵。 （5）重复更新花朵的步骤，直到脂肪吸满精油为止，再除去当中的杂质，取得香脂。 （6）在香脂中加入酒精，剧烈摇晃24小时，让脂肪和精油分离。 （7）再经过滤及蒸发，即完成精油萃取。

Q3 为什么精油会有疗效？

A: 精油来自天然植物，而植物为了在大自然中生存及繁衍，本来就具有防御、吸引、驱赶等能力；这些能力在进行光合作用时，会经过一系列程序而转变为成分复杂的“精油”，并储存于“油囊”当中。

也正因为精油成分具有药理作用，所以可以对人体产生一些疗愈作用。

经过实验分析，精油当中的主要成分可分为以下10种化学分子家族，而每种又可以再向下细分，例如“醛类”之下还有“香叶醛”等。也由于存在于每种精油中的化学分子组成比例不一样，所以疗效各不相同，加上各成分之间还会产生交互作用，所以会产生很可观的疗效组合，直到目前，都还有许多科学家在进行相关研究。

Q4 精油应该怎么用？

A: 精油主要是借由4种渠道进入人体：一是精油化学分子经由鼻黏膜吸入后，再通过嗅觉神经来传递它对身心（情绪）的影响；二是经由皮肤吸收，再通过血液进行传导；三是经由口服，经过消化吸收后代谢到全身；四是做成肛门栓剂，借由肛门的黏膜进行吸收。也因此，一般在家自行使用精油时，多半会采取的方式包括熏蒸吸入、按摩、贴敷、浸浴、喷雾等方法，不过，由于纯精油不能直接用于皮肤，所以，一定要经过加入基底油之类的东西加以稀释调和之后，才能使用。至于口服及肛门栓剂，由于具有一定程度的危险性，更一定要经过受训合格的芳疗师处方并依照指示才能进行。此外，由于精油几乎都有杀菌、除臭的功效，所以，也常被拿来用于家庭清洁、洗涤衣物之用。

【精油中的10大化学分子与其疗效】

精油中的主要化学分子类别		疗效
1	萜烯类(Terpenes)	消毒、杀菌、消炎、降血压、止痛、抗痉挛、振奋精神。
2	醇类(Alcohols)	抗感染、消炎、平衡神经系统、提高免疫力、调理激素。
3	酯类(Esters)	抗痉挛、消炎、抗霉菌、修复皮肤组织、镇静情绪。
4	酚类(Phenols)	抗感染、提升免疫力、杀菌、振奋精神。
5	酸类(Acids)	杀菌、消炎、促进细胞再生、舒缓情绪。
6	醛类(Aldehydes)	抗感染、消炎、降血压、降体温、放松心情。
7	酮类(Ketones)	杀菌、抗凝血、止痛、抗痉挛、分解黏液、镇定情绪。
8	酚甲醚类(Phenyl Methyl Ethers)	抗感染、调理消化系统、提高免疫力、振奋精神。
9	氧化物(Oxides)	分解黏液、助咳、消炎、呼吸系统症状调理、提升专注力。
10	内酯与香豆素类(Lactones & Coumarins)	分解黏液、助咳、降体温、纾解压力。

Q5 “精油”跟“芳香疗法”之间的关系是什么？

A: 所谓“芳香疗法”，就是运用精油、纯露、基底油，配合各种方式（蒸汽吸入、按摩、敷贴、沐浴、喷雾等）及适合剂量来调理身体部位，借以达到平衡情绪及养生保健的目的。若以使用精油的方式来分，芳香疗法主要有3个分支：一是“美容芳香疗法”，主要运用精油来做美容按摩及皮肤保养，一般专业施行者即所谓的美容师；二是“芳香医学”，主要是将精油拿来作为治疗特定疾病的内服药剂，所以须由医师或药师执行，但台湾医学界尚未引进，在临床上仅多用于特定疾病或安宁病房病患的按摩、沐浴及熏香；三是“治疗性芳香疗法”，目的是采用精油按摩、吸入、敷浴、喷雾等方式，并配合其他自然疗法，来改善疾病患者的病情及身心状况。在国外，施行者多以专业医疗人员如护理师、物理治疗师等为主，但在台湾因教育训练未臻完善，所以尚不普遍。

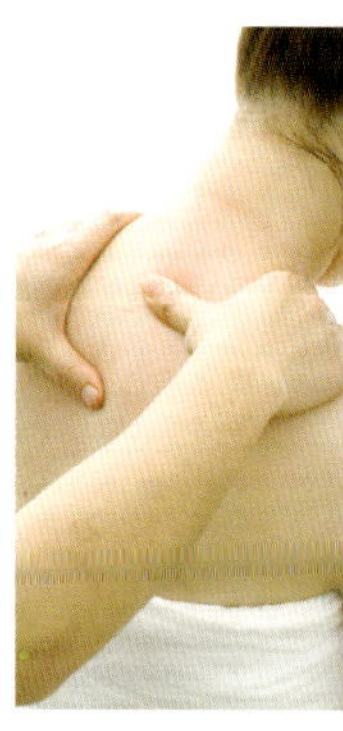

Q6 使用精油时，需要特别注意什么？会不会有副作用？

A: 正确使用精油，应注意下面4个重点：一是精油成分，选用时，请务必确认为纯天然精油，若用到劣质化学冒充品，将对身体造成伤害；二是使用方法，即须注意各种应用的正确做法与步骤，以免因为错用、误用而达不到应有的功效；三是使用剂量，应按照调配说明添加，切勿以为增加分量就能加速作用，因为一滴精油是几十株植物精华浓缩而成，过度刺激反而有可能适得其反；四是使用对象，应注意个人有无过敏体质，是否为敏感性肌肤，女性有无怀孕，儿童是否为2岁以下婴幼儿等，使用前最好先经测试确认。此外，千万不可将未经稀释的精油直接涂抹于皮肤、黏膜或滴入眼睛，更切勿直接口服植物精油。只要掌握上述原则，精油本身不会给人体带来什么副作用。

【特定对象使用精油应注意事项】

使用对象		注意事项
1	孕妇	（1）怀孕12周前不宜使用，避免子宫收缩。 （2）怀孕12周后若身体状况允许，可使用较温和的果实类精油，且精油浓度需在0.5%～1%之间。
2	婴幼儿	（1）2岁以下的婴幼儿，需挑选完全无刺激的精油，且浓度需在0.5%。 （2）2～5岁的幼儿，精油浓度最好不要大于1%。 （3）6～11岁的儿童，可使用浓度在2%以下的精油。 （4）12岁以上使用剂量可与成人相同，但使用前还是先咨询具有认证资格的芳疗师较安全。
3	过敏性体质或敏感性肌肤者	（1）慎用太过强烈的精油，例如罗勒、黑胡椒、柠檬、香茅、丁香等。 （2）使用其他较温和的精油时，也必须降低浓度，应在0.5%～1%之间。
4	其他	如头部受过创伤、蚕豆症或癫痫患者，使用精油前应先询问哪些精油不能使用，以免引发症状，造成危险。

Q7 为什么精油不可以直接抹在皮肤上？

A: 因为精油浓度极高，容易造成过度刺激，引发皮肤敏感，甚至灼伤皮肤，所以，使用前必须加以稀释。而最常使用的方法，就是加入植物性缓冲物质，例如基底油（荷荷巴油、小麦胚芽油、甜杏仁油等）、乳液、乳霜、洗发精、水、凝胶等，借以降低引发敏感物质的浓度。但是，万一不小心让纯精油接触到皮肤，那就要立即用大量清水进行冲洗，并涂抹一层基底油以保护肌肤，如果红肿疼痛的现象并未减轻，就应立刻送医。

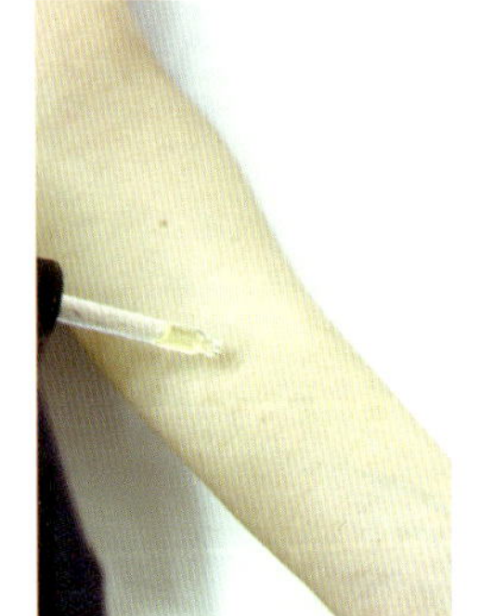

Q8 平常使用一般保养品就容易出现过敏现象的人，可以用精油保养品吗？

A: 对保养品过敏的人，不见得是对精油过敏，通常会引发过敏，都是保养品中的香精、防腐剂或是其他物质所致，所以，如果想要知道是否对精油过敏，可将稀释过的精油抹在手腕内侧进行测试，而且应该要多试几次。我的经验是，浓度在3%以下的精油，应试抹三天；3%以上者，应试抹一周，因为高浓度不见得会马上出现过敏现象，有时要数天后才会发生，还是谨慎为好。

Q9 如何选购精油？标示上写“Essential Oil”跟“Essence”意思相同吗？

A: 购买精油前，请务必区分产品差别，市面上常见的所谓“精油商品”良莠不齐，可参照本书“购买精油入门须知”，从品牌、纯度、香气、价格、产地、标示、渠道7个关键进行相关评估。

至于纯精油的正确英文翻译名称，应是“Essential Oil”，而“Essence”则为“精质”，指的是从植物体提炼出来，但尚未经过蒸馏程序的物质，严格说起来还不能算是“精油”。此外，比较容易混淆的名词还包括“Essence Oil”（精华油）、“Perfume Oil”（香水油）、“Fragrance Oil”（香味油），都不是百分之百的纯天然植物油；“Aromatherapy Oil”（芳疗油），则多为掺和油或合成油；另外还有“Environmental Oil”（环境油）及“Fragrant Oil”（香精油），其主要成分为香精，精油含量只有2%～3%，所以通常很香，但没有疗效。在此一并提出来，以供大家参考。

另外，选购前，请注意标签上的标示，比较常见的名词说明如下。

- 100% pure Essential Oil：纯精油。
- 芳香疗法专用油：通常是2%～3%的精油混入基底油调制而成的按摩用油（Aromatherapy oil），因为经过稀释，所以不适合用来泡澡或熏香，而且浓度太淡，如经高温加热易使基底油变质。
- 植物萃取物：不等于植物精油。因为有些只是靠生物科技或其他方式萃取出植物里的某些有效成分，与从植物油囊里完整被萃取出来的精油有很大的差别。

Q10 什么是“有机精油”？

A: “有机精油”通常是指以“有机方式进行植物栽种”，再以“不污染及不破坏生态环境之方式加以萃取”的精油，例如栽植过程无污染或公害、不使用化学肥料或杀虫剂、土地耕种后需自然休耕一段时间等，而在提炼过

程中，也必须做到无添加化学药剂、不进行人工催化等。可以说，“有机精油”是一种选择，因为有些精油原本就萃取自野生植物、具有防虫害及抗感染功能的树木（如乳香、丝柏），也有一些栽植芳香植物的国家原本就不太使用化学肥料及杀虫剂，所以也无所谓“是否为有机”的问题。

大体而言，与一般精油相比，“有机精油”较具天然营养成分，目前国内外都有专门进行认证的单位，而经过认证的产品，也多会在包装上进行相关标示，但必须了解的是，目前精油本身并无认证机制，包装上的有机认证指的是“有机植物栽种”的认证，而且各个国家都有其标志，购买时可多加注意辨识。

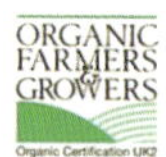

Q11 是否可以购买一般保养品，再自行滴入精油，就成为有疗效的精油保养品？

A: 基本上不建议，因为市面上销售的保养品当中已添加香精及其他物质，有些为了让香味持久，还会加入“定香剂”之类的化合物，若再额外加入精油，无法确定是否会与里面的其他物质发生不良反应，而且香味也容易混淆，即便疗效尚存，也无法确定还能发挥多少功效。

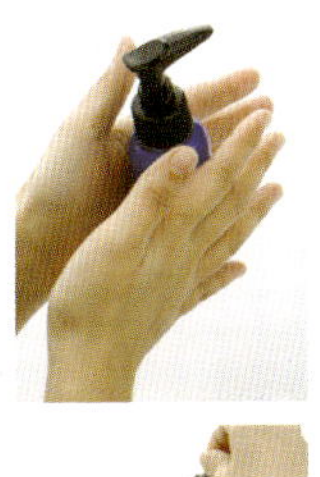

Q12 自己动手做的精油保养品，跟一般市面上销售的保养品的主要差别在哪里？

A: 一是“量身定做”，可以针对每个人肤质状况的特殊性，选用疗效适合的精油来调配专属保养品，以便对症下药，让保养到位；二是“天然温和”，不需考虑产品卖相或保存期限等问题，而加入不必要的化学成分，造成肌肤多余的负担；三是“经济实惠”，所需费用完全反映材料成本，没有包装、销售、广告等支出，成品仅约市售价格的三分之一。

Q13 制作不同种类的保养品时，所要滴入的精油分量是如何计算出来的？

A: 不同的保养品，例如化妆水、乳霜、按摩油等，其成分中“精油所占的比例浓度”也不相同，但不管一款保养品当中会使用到几种精油，如果要换算成应该加入的精油总滴数，可用下面这个简单公式推算：

保养品毫升数 × 浓度（%）× 20 = 加入精油总滴数

举例来说，如果想调一瓶30毫升的身体按摩油，又知精油应占浓度为3%，则计算方式为：

30×3%×20=18 → 即总共需加入18滴精油。

如果这款身体按摩油中仅使用到一种精油，即这种精油需加入18滴；若多于一种精油，则这18滴精油可平均分配，或依个人喜好来决定各种精油滴数，经验累积越多，越能掌握精油调出来的香味。当你已经熟悉调制精油保养品的技巧，也可改变本书所列的精油配方比例，但调整幅度应以固定精油浓度为前提，再将配方中的各项成分适度增减1%～3%，如此便能做出既符合自己想法又不失好用原则的精油保养品。

Q14 使用或调制精油产品时，需注意精油有没有互相排斥的问题吗？

A: 许多人不太敢调制精油是担心精油与精油会不会互相冲突，答案是“不会”，原因是精油由许多化学分子组成，精油相混会重新将化学分子组合，但不会像食物成分那样产生排斥。精油分为“单方精油”与“复方精油”，单方精油指的是单一种植物的精油，复方精油指的是两种或两种以上的精油调合在一起。有研究发现，精油与精油结合会有“加成”的效果，所以不用担心混在一起会有什么不良影响，调制的时候浓度正确才是最重要的。

Q15 精油及用精油DIY做的保养品该如何保存？期限多长？

A: 精油具有挥发性，所以需放在室内阳光不会直射到的地方，而且还要注意避免温差过大的问题，所以最好是放在木制的柜子或抽屉里，因为木头可以维持较好的温度与湿度。市面上也有出售专门存放精油的木盒，内部还会分格，方便分类保存。但不建议把精油放在冰箱里，除非原本购买的就是超过100毫升的大包装精油，可以分次取用，不然，经常要拿出来用再放回去，温差反而更大，不利于保存。另外，若要外出携带，为避免过重，只要放置于能够避光的盒子、布包或其他材质的容器中即可。

在保存期限方面，只要存放得当，未开封的精油都有一到两年的保存期，已开封者，也可存放半年至一年，例如柑橘类精油在开封后6～9个月内品质即会开始变化，但也有少数精油如广霍香、檀香、乳香等，反而会随时间而越陈越香。

至于用精油自制的保养品，虽然通常不会加抗菌剂，但因为精油本身大都具有抗菌效果，所以只要做好后放在阴凉处，并在天气太热时将保养品放入冰箱里以免变质，一般来说，多半可以维持一周到三个月，应视加入的基底油及添加物而定，而自制保养品时，盛装保养品的器皿干净与否，也是保养品变质与否的重要因素。

【保养品的容器要清洁或消毒】

容器的消毒是很重要的，可洗净后用烘碗机（或紫外线烘碗机）烘干消毒，若家里没有烘碗机，可用酒精清洁消毒。
左图：用酒精棉片消毒乳霜盒。
右图：用搅拌棒将酒精棉片放入压头／喷头瓶中消毒。

Q16 长期使用同一种精油或精油保养品，会不会降低精油的功效？

A：如果没有过量使用的问题，其实长期使用同一种精油并不会造成效果降低，只是因为精油具有调节平衡、改善症状的功效，所以往往当我们身心病症得到调理之后，就会觉得效果似乎有所减弱，其实是精油已经悄悄地将身体加以调整了。就像高血压患者刚开始服用高血压药物时，会发现血压一下就下降了，但等到血压降至正常范围，就不会再往下，但这并不是因为药物没有作用，而是药物本身具有维持血压在正常范围的效果。

不过，由于不同的配方能给予身体不同的感受，并可调节身心更多不同的层面，所以，我建议最好至少每三个月要换一次精油配方或更改配方比例，如此轮换着使用更能达到中和的效果，也让自己能学会多元应用精油的技巧。

清洁是一切保养的打底工夫，

不只是化妆的人才需要卸妆，

每天空气中的污垢也需要彻底洗净，

才能让毛孔顺畅呼吸，

还你洁净脸庞。

PART 2

自己做！超干净的｛脸部清洁用品｝42款

——卸妆、洁颜、去角质，让毛孔重新呼吸！

001_ 罗马洋甘菊抗敏卸妆油

002…葡萄籽清爽卸妆油

003…荷荷巴油卸妆油

004…花梨木杀菌卸妆油

005…乳香精油卸妆油

006_ 玫瑰天竺葵深层卸妆油

007…葡萄籽油卸妆油

008…花梨木精油卸妆油

009…玫瑰草精油卸妆油

010…柠檬精油卸妆油

011_ 茶树控油卸妆凝露

012…大西洋雪松精油卸妆凝露

013…苦橙叶精油卸妆凝露

014…佛手柑精油卸妆凝露

015_ 葡萄柚焕颜卸妆凝露

016…花梨木精油卸妆凝露

017…乳香精油卸妆凝露

018…玫瑰草精油卸妆凝露

019_ 柠檬紧致洁颜慕丝

020…花梨木精油洁颜慕丝

021…玫瑰草精油洁颜慕丝

022…乳香精油洁颜慕丝

023_ 葡萄柚控油洁颜慕丝

024…茶树精油洁颜慕丝

025…柠檬精油洁颜慕丝

026…苦橙叶精油洁颜慕丝

027_ 薰衣草橄榄保湿洗面皂

028…花梨木精油洗面皂

029…佛手柑精油洗面皂

030…依兰依兰精油洗面皂

031_ 茶树无患子去油洗面皂

032…大西洋雪松精油洗面皂

033…苦橙叶精油洗面皂

034…甜橙精油洗面皂

035_ 柠檬调节油脂去角质霜

036…苦茶油去角质霜

037…薰衣草精油去角质霜

038…葡萄柚精油去角质霜

039_ 甜橙柔肤去角质霜

040…月见草油去角质霜

041…罗马洋甘菊精油去角质霜

042…乳香精油去角质霜

001 罗马洋甘菊抗敏卸妆油

温和去除脏污，还原纯净脸庞

罗马洋甘菊带有青苹果般的香气，而且含有抗过敏成分，拿它来做卸妆油，不仅清新宜人，有效缓解疲劳，对敏感肌肤者来说，更是超好用的卸妆圣品！

【工具】

250毫升烧杯 1个
搅拌棒 1支
100毫升避光压头瓶 1个

【材料】

葵花子油 80毫升
橄榄油 15毫升
罗马洋甘菊精油 13滴
薰衣草精油 7滴
透明乳化剂 少许（5～10毫升）

【做法】

1 将葵花子油80毫升与橄榄油15毫升倒入烧杯中。

2 再滴入13滴罗马洋甘菊精油及7滴薰衣草精油。

3 并将适量的透明乳化剂倒入烧杯。

4 将烧杯内的所有材料用搅拌棒搅拌均匀，即完成卸妆油。

5 将调好的卸妆油装入避光压头瓶。

6 盖上瓶盖拧紧，以“前后搓滚”的方式将卸妆油摇匀，但不要上下晃动瓶身，以免破坏精油的分子能量。

【延伸应用】

002_ 葡萄籽清爽卸妆油

原本配方中的葵花子油，也可以用葡萄籽油取代，两者一样清爽。

003_ 荷荷巴油卸妆油

如果想要延长卸妆油的保存期，可将橄榄油换成荷荷巴油，保存效果较佳，且质地较清爽。

004_ 花梨木杀菌卸妆油

若想提升卸妆油杀菌、抗过敏的功效，可将原本的薰衣草精油换成花梨木精油。

005_ 乳香精油卸妆油

若将薰衣草精油换成较具滋润性的乳香精油，则有助改善老化现象，适合熟龄肌肤使用。

MEMO

适用肤质 中性、混合性、敏感性

保存期限 约30天

保存方法 需放置于阴凉处，并避免阳光直射。

使用方法
1 压出约1元硬币大小的卸妆油量，置于掌心搓揉使其均匀并加温。
2 用手按摩面部，由下而上，持续3～5分钟。
3 用面纸或化妆棉将面部油脂及彩妆擦拭干净，再用洗面皂洗净即可。

贴心提醒
1 如果没有透明乳化剂，也可以用Tween＃80乳化剂和Span＃80乳化剂各7毫升来取代，但要记得同时得将葵花子油的用量减少为70毫升。
2 切记，就算没有化妆，也一定要做到卸妆的动作！因为空气中含有大量的污染物，借由卸妆可彻底清洁皮肤，让皮肤恢复呼吸，保持美丽状态。

006 玫瑰天竺葵深层卸妆油

洁净毛细孔，彻底清除污垢

玫瑰天竺葵精油具有调理油脂的功效，并可抗发炎，促进伤口结疤，加入卸妆油中，不但能有效清洁被阻塞的毛孔，还能达到紧致肌肤的效果，加上带有淡淡的青草味与玫瑰的香味，在卸妆的同时，还能安定情绪、振奋精神哦！

【工具】

200毫升烧杯	1个
搅拌棒	1支
100毫升避光压头瓶	1个

【材料】

葵花子油	85毫升
荷荷巴油（液态蜡）	10毫升
玫瑰天竺葵精油	12滴
薰衣草精油	8滴
透明乳化剂 少许（5～10毫升）	

【做法】

1 将葵花子油85毫升与荷荷巴油10毫升置于烧杯中。

2 滴入玫瑰天竺葵精油12滴、薰衣草精油8滴。

3 再加入适量的透明乳化剂于烧杯中。

4 将烧杯内的所有材料搅拌均匀即完成卸妆油。

5 将调好的卸妆油装入避光压头瓶。

6 盖上瓶盖拧紧，以“前后搓滚”的方式将卸妆油摇匀，但不要上下晃动瓶身，以免破坏精油的分子能量。

【延伸应用】

007_ 葡萄籽油卸妆油

原本配方中的葵花子油，也可以用葡萄籽油取代，两者一样清爽。

008_ 花梨木精油卸妆油

若将原配方中的薰衣草精油换成花梨木精油，可使卸妆油具有调理粉刺的功效。

009_ 玫瑰草精油卸妆油

若没有薰衣草精油，也可用玫瑰草精油取代，两者同样具有保湿效果，且可促进细胞新生。

010_ 柠檬精油卸妆油

若将薰衣草精油换成柠檬精油，则可增加卸妆油的美白效果。

MEMO

适用肤质 中性、干性、混合性

保存期限 约90天

保存方法 放置于无阳光直射的阴凉处。

使用方法
1 压出约1元硬币大小的卸妆油量，置于掌心搓揉使其均匀并加温。
2 用手按摩全脸，由下而上持续3～5分钟。
3 用面纸或化妆棉将面部油脂及彩妆擦拭干净后，再用洗面皂洗净。

贴心提醒
1 如果还是觉得皮肤太干，可将荷荷巴油调高为55毫升，并将葵花子油改为45 毫升。
2 如果没有透明乳化剂，也可以用Tween＃80乳化剂（约9毫升）和Span＃80乳化剂（约5毫升）来取代，但记得要将配方中的葵花子油用量减少为66毫升。

011 茶树控油卸妆凝露

清爽无负担，不再泛油光

天然[illegible]消[illegible]效果超过一般化学消炎剂且无抗药性，并因其具有收敛作用，所以常被用于调理毛孔粗大、油脂分泌旺盛的皮肤。把它加在质地清爽的凝胶当中，不但大大提升卸妆时的舒适感，还能充分达到抑制油光、收敛毛孔的目的，一举多得。

【工具】

工具	数量
挖棒	1支
250毫升烧杯	1个
电子秤	1个
100毫升量杯	1个
搅拌棒	1支
100毫升避光压头瓶	1个

【材料】

高分子聚合胶（凝胶）	10克
纯水	75毫升
氨基酸起泡剂	10毫升
Tween#20乳化剂	5毫升
茶树精油	4滴
薰衣草精油	3滴
柠檬精油	1滴

【做法】

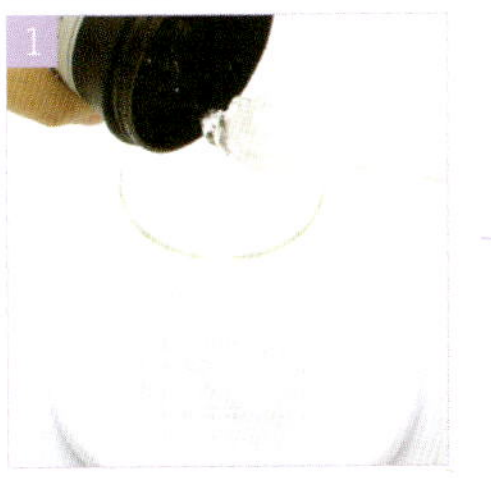

1 用挖棒挖取高分子聚合凝胶，置入烧杯后，放在电子秤上，量出所需的10克分量。

2 以量杯量取75毫升的纯水，然后分次慢慢倒入烧杯中，不要猛力一次倒完。

3 将烧杯中的凝胶与纯水加以搅拌融合。

4 再加入氨基酸起泡剂及Tween#20乳化剂，并搅拌均匀。

5 最后加入茶树精油、薰衣草精油及柠檬精油，搅拌均匀，即完成卸妆凝露。

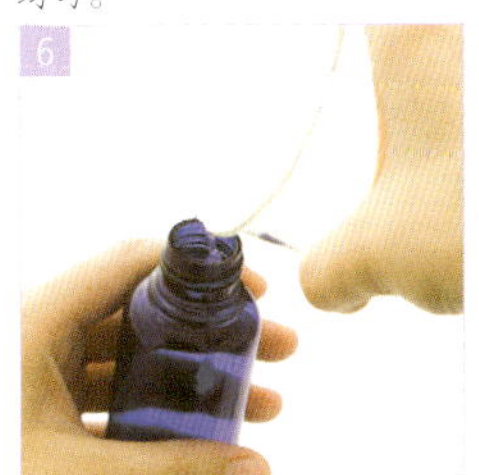

6 将调好的凝露倒入避光瓶中保存。

【延伸应用】

012 大西洋雪松精油卸妆凝露

除采用茶树精油，也可以大西洋雪松精油取代，两种同样深具镇静、杀菌功效，并能控制皮脂分泌，达到软化、舒缓肌肤的目的，十分适合调理油性痘痘肌肤。

013 苦橙叶精油卸妆凝露

若喜欢稳重平和的香味，可将薰衣草精油换成苦橙叶精油，除了气味清新，而且含有可刺激代谢的成分，有助于皮肤油脂的分解及排出，并具抗氧化的效果。

014 佛手柑精油卸妆凝露

粉刺或痤疮严重者，可用佛手柑精油替代柠檬精油，因为其具有极好的消炎、收敛效果，可调理油脂，并有助暗疮伤口的愈合。

MEMO

适用肤质 中性、油性、混合性

保存期限 约30天

保存方法 放置于阴凉处，避免阳光直射。

使用方法
1. 压出约1元硬币大小的卸妆凝露置于掌心。
2. 双手轻推卸妆凝露按摩面部，由下而上，持续3～5分钟。
3. 用面纸或化妆棉将面部油脂及彩妆擦拭干净，再用洗面皂洗净即可。

贴心提醒 凝胶类的卸妆品比卸妆油清爽，若肤质偏油，可挑选卸妆凝露。而茶树的控油效果好，更适合油性肌肤和夏天使用。

015 葡萄柚焕颜卸妆凝露

促进循环，淡化斑点

气味清香的葡萄柚精油具有收敛、抗菌的功能，并可促进血液循环，对于改善痤疮型肌肤，淡化伤后疤痕，减缓因肝脏机能不好所引起的皮肤斑点等问题，都有不错的效果。

【工具】

挖棒	1支
250毫升烧杯	1个
电子秤	1个
100毫升量杯	1个
搅拌棒	1支
100毫升避光压头瓶	1个

【材料】

高分子聚合胶（凝胶）	10克
纯水	75毫升
氨基酸起泡剂	10毫升
Tween#20乳化剂	5毫升
葡萄柚精油	4滴
薰衣草精油	3滴
罗马洋甘菊精油	1滴

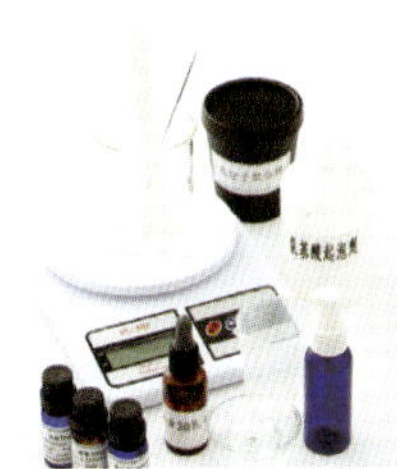

【做法】

1 用挖棒挖取高分子聚合凝胶，置入烧杯后，放在电子秤上，量出所需的10克分量。

2 以量杯量取75毫升的纯水，然后分次慢慢倒入烧杯中，不要一次性倒完。

3 用搅拌棒将烧杯中的高分子凝胶与纯水加以搅拌融合。

4 再加入氨基酸起泡剂及Tween#20乳化剂，并搅拌均匀。

5 最后加入葡萄柚精油、薰衣草精油及罗马洋甘菊精油，搅拌均匀，即完成卸妆凝露。

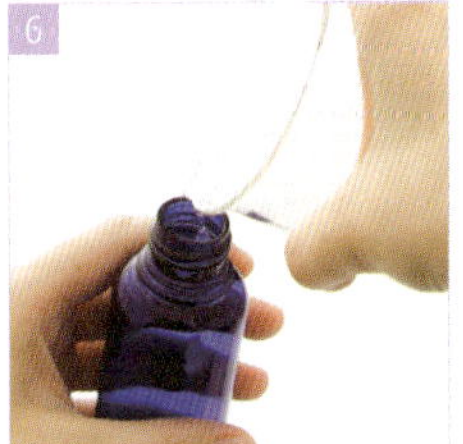

6 将调好的凝露倒入避光瓶中保存。

【延伸应用】

016 花梨木精油卸妆凝露

针对较干燥敏感的肌肤，可将配方中的葡萄柚精油换成花梨木精油，较具滋润性，并可预防皱纹产生。

017 乳香精油卸妆凝露

若将葡萄柚精油换成乳香精油，除同样具有抗菌收敛、愈伤去疤的效果，在皮肤美容保养的运用上，还具有消除细纹，使皮肤恢复年轻平滑光泽的功效，特别适用于熟龄肌肤。

018 玫瑰草精油卸妆凝露

如想加强保湿，可将罗马洋甘菊精油换成玫瑰草精油，不但能平衡皮脂分泌，而且还能在肌肤表面形成天然保水膜，对“外油内干”的肤质特别有效。

MEMO

适用肤质　中性、油性、混合性

保存期限　约30天

保存方法　放置于阴凉处，避免阳光直射。

使用方法
1. 压出约1元硬币大小的卸妆凝露置于掌心。
2. 双手轻推卸妆凝露按摩面部，由下而上，持续3～5分钟。
3. 用面纸或化妆棉将面部油脂及彩妆擦拭干净，再用洗面皂洗净即可。

贴心提醒　凝胶类的卸妆品比卸妆油清爽，若肤质偏油，可挑选卸妆凝露。也可依季节及化妆的浓淡进行更换，夏天使用卸妆凝胶，冬天使用卸妆油；淡妆用卸妆凝露，浓妆则用卸妆油。

019 柠檬紧致洁颜慕丝

收敛加美白，打造零毛孔的脸蛋

柠檬精油具有很好的收敛性，能帮助减少皮脂分泌，缩小毛孔，且具有很好的美白作用，有助于淡化斑点，明亮肤色，加上极好的杀菌效果，可以说是洁净肌肤的好帮手。

【工具】

100毫升量杯	1个
250毫升烧杯	1个
搅拌棒	1支
100毫升慕丝空瓶	1个

【材料】

氨基酸起泡剂	20毫升
荷荷巴油（液态蜡）	20毫升
葡萄籽油	20毫升
纯水	40毫升
柠檬精油	8滴
薰衣草精油	7滴
罗马洋甘菊精油	5滴

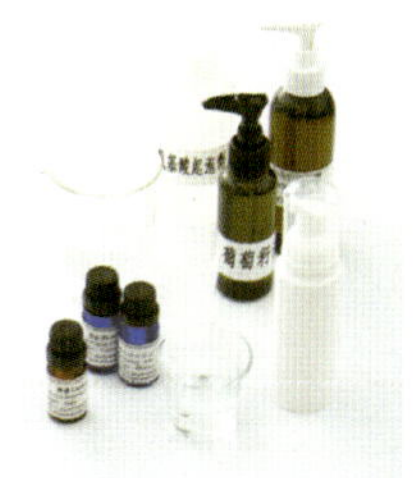

【做法】

1 用量杯量取荷荷巴油20毫升，倒入烧杯中。

2 再量取葡萄籽油20毫升，倒入烧杯。

3 加入柠檬精油8滴、薰衣草精油7滴、罗马洋甘菊精油5滴，以搅拌棒搅拌均匀。

4 再以量杯量取氨基酸起泡剂20毫升，并倒入烧杯进行搅拌。

5 量取纯水40毫升，加入烧杯后，搅拌均匀，即完成洁颜慕丝。

6 将成品倒入慕丝瓶，盖紧瓶盖后，以双手前后滚动的方式摇滚瓶身，使装填均匀。

【延伸应用】

020_ 花梨木精油洁颜慕丝

针对过敏性肌肤，可将配方中的柠檬精油换成花梨木精油，较具镇静作用。

021_ 玫瑰草精油洁颜慕丝

针对干燥型肌肤，可将薰衣草精油换成玫瑰草精油，除保湿性较好，还可增加皮肤弹性。

022_ 乳香精油洁颜慕丝

针对熟龄肌肤，可将罗马洋甘菊精油换成乳香精油以提升滋润度，还有助抚平细纹。

适用肤质 中性、油性、混合性

保存期限 30天

保存方法 需放置于阴凉处，并且避免阳光直射。

使用方法
1. 以水湿润面部。
2. 将洁颜慕丝挤出约乒乓球大小的分量。
3. 双手搓揉后均匀推开，按摩全脸。
4. 以水洗净泡沫。

贴心提醒
1. 使用前稍微摇晃慕丝瓶，比较容易挤出泡沫。
2. 有些人的皮肤对起泡剂较敏感，所以使用慕丝会有刺痛感，建议改用洗面皂。

023 葡萄柚控油洁颜慕丝

挥别油光，告别痘痘

你有长痘痘的困扰吗？请注意，过度清洁反而会使皮肤越来越油，痘痘越长越多。这款洁颜慕丝加入具有控油效果的葡萄柚精油，在洗脸的同时，还能温和调理皮脂，让你从此告别“煎蛋脸”！

【工具】

工具	数量
100毫升量杯	1个
250毫升烧杯	1个
搅拌棒	1支
100毫升慕丝空瓶	1个

【材料】

荷荷巴油（液态蜡）	20毫升
葡萄柚精油	8滴
薰衣草精油	7滴
迷迭香精油	5滴
弱酸性起泡剂	40毫升
纯水	40毫升

【做法】

1 以量杯量取荷荷巴油20毫升，倒入烧杯中。

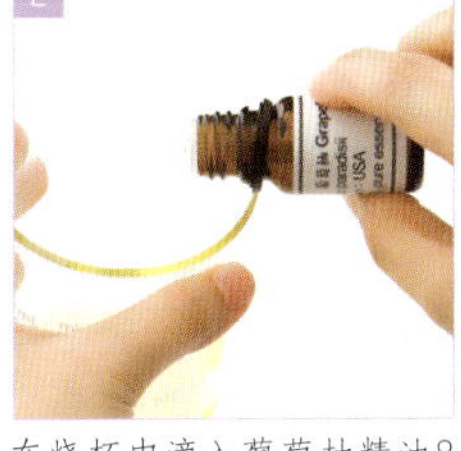

2 在烧杯中滴入葡萄柚精油8滴、薰衣草精油7滴、迷迭香精油5滴，并以搅拌棒搅拌。

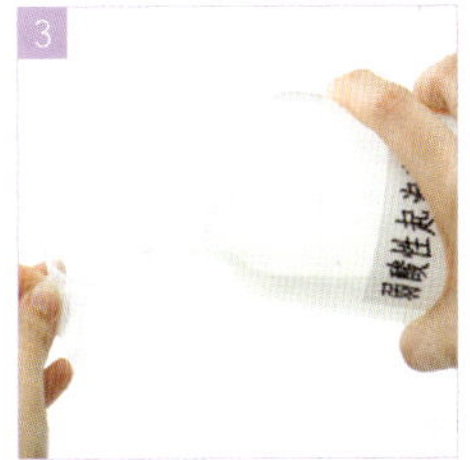

3 以量杯量取弱酸性起泡剂40毫升，倒入烧杯并搅拌均匀。

4 再量取纯水40毫升，倒入烧杯并搅拌均匀，即完成洁颜慕丝。

5 将成品倒入慕丝瓶中，盖紧瓶盖后，以双手前后滚动的方式摇滚瓶身，使装填均匀。

【延伸应用】

024_ 茶树精油洁颜慕丝

如果喜欢不同调性的香味，可以将配方中的葡萄柚精油换成茶树精油，同样具有调理痘痘的效果。

025_ 柠檬精油洁颜慕丝

将配方中的迷迭香精油换成柠檬精油，可增强美白及去角质的功效。

026_ 苦橙叶精油洁颜慕丝

也可将迷迭香精油换成苦橙叶精油，能够刺激代谢，有助于皮脂分解，特别适用于粉刺型肌肤的人。

适用肤质 中性、油性、混合性

保存期限 30天

保存方法 放置于阴凉处并避免阳光直射。

使用方法
1. 以水湿润面部。
2. 将洁颜慕丝挤出乒乓球大小。
3. 双手搓揉后均匀推开，按摩全脸。
4. 以水洗净泡沫。

贴心提醒
1. 若肌肤偏油，千万不要过度依赖吸油面纸，因为一旦油被吸走，皮肤的保护机制就会启动油脂自行分泌，反倒使油性肌肤越来越油。
2. 有些人的皮肤对起泡剂较敏感，所以使用慕丝会有刺痛感，建议改用洗面皂。

027 薰衣草橄榄保湿洗面皂

温和清洁，适度滋润

橄榄油含有丰富的油酸和亚麻油酸，分子细腻，所以滋养性好，保湿、修复的效果也很好。用橄榄油做的香皂来洗脸，肌肤会变得光滑柔嫩，对皮肤较细嫩的人、具有过敏性皮肤者，或是幼儿、年长者来说，都很适合。

【工具】

电子秤	1个
砧板	1个
切刀	1把
250毫升烧杯	1个
金属锅	1个
电磁炉（或瓦斯炉）	1个
搅拌棒	1支
皂模	1个
浓度为75%的酒精	1瓶
包皂专用保鲜膜	1片
剪刀（或刀片）	1把
胶带	1卷

【材料】

橄榄油皂基	50克
薰衣草精油	10滴
甜橙精油	5滴
玫瑰天竺葵精油	5滴
食用色素	少许

【做法】

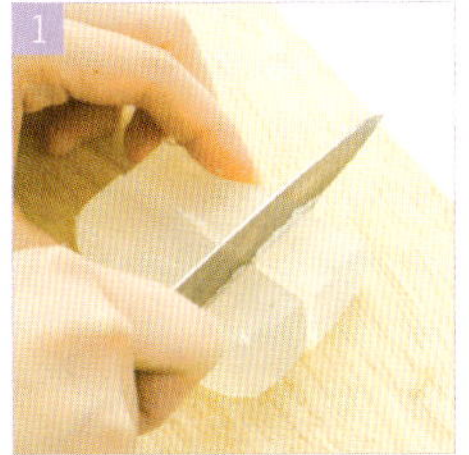

1 用电子秤量取50克橄榄油皂基，放在砧板上，用刀切成小块。

2 将皂基块放入烧杯中，再把烧杯置于锅中，隔水加热使皂基成液态。

3 在皂基液中加入薰衣草精油10滴、甜橙精油及玫瑰天竺葵精油各5滴。

4 再滴入食用色素，并搅拌均匀。

5 将调好颜色的皂液倒入皂模中。

6 入模时会产生气泡，以浓度为75%的酒精喷于气泡上，气泡自然消失。

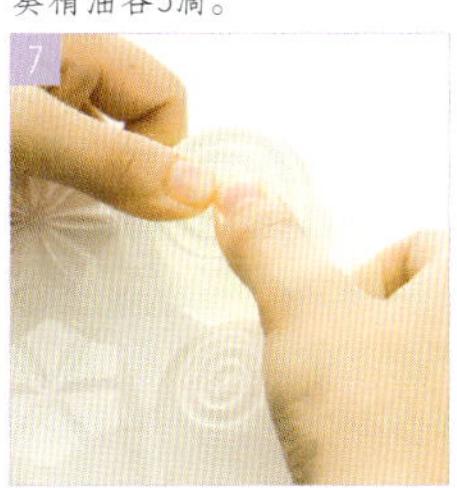

7 静置至少2小时，等待皂液变干、硬，便可进行脱模。

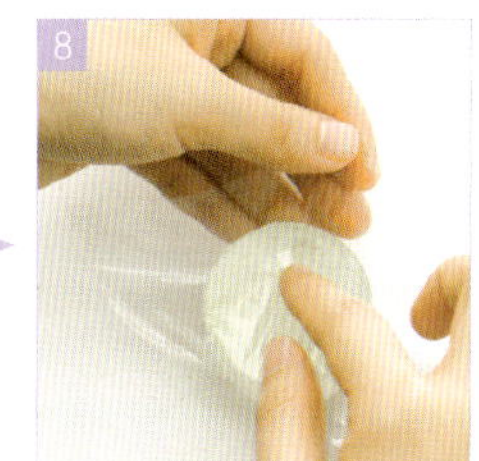

8 剪下保鲜膜，包好做好的肥皂，并用胶带固定包装。

【延伸应用】

028_ 花梨木精油洗面皂

将甜橙精油换成镇静舒缓效果佳的花梨木精油，可加强镇静敏感性肌肤。

029_ 佛手柑精油洗面皂

针对痘痘型肌肤，则可将甜橙精油置换成具抗菌效果，可促进伤口愈合的佛手柑精油。

030_ 依兰依兰精油洗面皂

若皮肤偏油，可将配方中的玫瑰天竺葵精油以依兰依兰精油取代，能够调节皮脂分泌平衡。

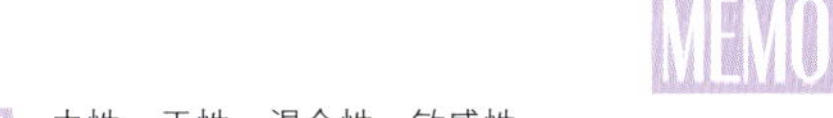

MEMO

适用肤质 中性、干性、混合性、敏感性

保存期限 30天

保存方法 需放置于阴凉处，并避免阳光直射。

使用方法
1. 肥皂加水，在掌中搓揉，使产生泡沫。
2. 以肥皂泡按摩面部，进行清洁。
3. 再用清水冲净。

贴心提醒 使用时若发现肥皂长出“小毛”，则表示受潮，但不影响品质，仍可使用，茶树无患子去油洗面皂亦同。

031 茶树无患子去油洗面皂

天然洁净，杀菌消炎

茶树精油深具杀菌、消炎的效果，无患子则含有皂素，去油性佳，是天然的清洁剂。将这两种成分加入洗面皂中，可有效帮助皮肤控油，再搭配薰衣草精油及柠檬精油，还能达到收敛及美白的功效。

【工具】

电子秤	1个
砧板	1个
切刀	1把
250毫升烧杯	1个
金属锅	1个
电磁炉（或瓦斯炉）	1个
搅拌棒	1支
皂模	1个
浓度为75%的酒精	1瓶
包皂专用保鲜膜	1片
剪刀（或刀片）	1把
胶带	1卷

【材料】

无患子皂基	50克
茶树精油	10滴
薰衣草精油	5滴
柠檬精油	5滴

【做法】

1 用电子秤量取50克无患子皂基。

2 将皂基放在砧板上，用刀切成小块。

3 将皂基块放入烧杯中，再把烧杯置于锅中，隔水加热使皂基成液态。

4 在皂基液中加入茶树精油、薰衣草精油及柠檬精油，并搅拌均匀。

5 将调好的皂液缓缓倒入皂模当中。

6 入模时会产生气泡，以浓度为75%的酒精喷于气泡上，气泡自然消失。

7 静置至少2小时，等待皂液变干、硬，便可进行脱模。

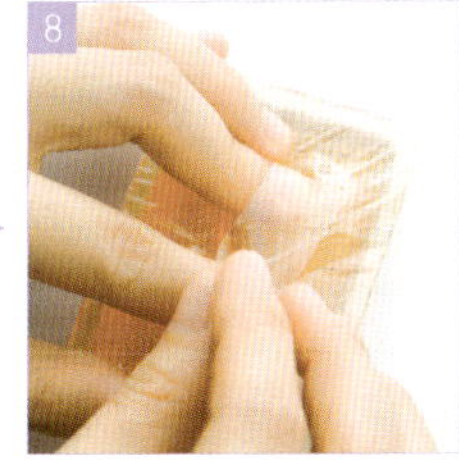

8 剪下保鲜膜包好肥皂，并用胶带固定包装。

【延伸应用】

032_ 大西洋雪松精油洗面皂

若想尝试不同香气，可将茶树精油换成具有醇厚檀香气息的大西洋雪松精油，由于它具有极好的收敛效果，也适合调理油性肤质。

033_ 苦橙叶精油洗面皂

针对痘痘型肌肤，可将柠檬精油换成苦橙叶精油，它可抑制皮脂过度分泌，能有效处理粉刺、青春痘之类的皮肤问题。

034_ 甜橙精油洗面皂

若皮肤较干，可将柠檬精油换成甜橙精油，能改善皮肤干燥，减少皱纹，增加肌肤弹性。

MEMO

适用肤质 中性、油性、混合性

保存期限 30天

保存方法 需放置于阴凉处，并避免阳光直射。

使用方法
1. 肥皂加水，在掌中搓揉，使产生泡沫。
2. 以肥皂泡按摩面部，进行清洁。
3. 再用清水冲净。

贴心提醒 精油香味易挥发，所有的精油手工皂都最好在制皂完成后30天内使用完毕，以便充分享受精油香气所带来的芳疗功效。

035 柠檬调节油脂去角质霜

促进代谢，减缓粉刺产生

容易长痘痘或粉刺的皮肤，大多油脂分泌旺盛，角质层也相对较厚，必须定期清除。这款去角质霜利用柠檬精油可减少皮脂分泌的特性，加上具有美白作用，能有效减缓老化角质堆积，并让肤色净白！

【工具】

3毫升空针筒	1支
250毫升烧杯	1个
搅拌棒	1支
100毫升量杯	1个
玻璃碟	1个
电子秤	1个
30克面霜盒	1个

【材料】

葡萄籽油	2毫升
简易乳化剂	0.5毫升
纯水	30毫升
柠檬精油	3滴
快乐鼠尾草精油	2滴
迷迭香精油	1滴
天然核桃颗粒	2克

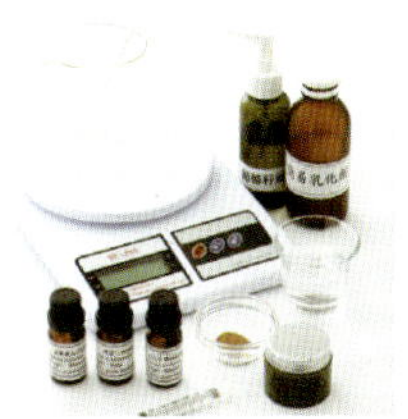

【做法】

1 用空针筒抽取葡萄籽油2毫升，滴至烧杯内。

2 再用空针筒抽取简易乳化剂0.5毫升置入烧杯中。

3 以搅拌棒将葡萄籽油与乳化剂充分搅匀，使其呈混浊状。

4 以量杯量取纯水30毫升，分次倒入烧杯并同时搅拌，直至呈黏稠状。

5 再加入柠檬精油3滴、快乐鼠尾草精油2滴、迷迭香精油1滴，搅匀备用。

6 用电子秤量取核桃颗粒2克，加入烧杯内的混合物中。

7 搅拌均匀后即完成去角质霜，装入面霜盒内。

【延伸应用】

036_ 苦茶油去角质霜

可将葡萄籽油换成苦茶油，除了质感清爽，苦茶油中富含蛋白质、维生素A、维生素E及山茶柑素等，有助美肌。

037_ 薰衣草精油去角质霜

若痤疮严重，可将柠檬精油换成具有消炎、抗菌效果的薰衣草精油，在去角质的同时对皮肤有镇静作用。

038_ 葡萄柚精油去角质霜

想加强代谢效果，可将迷迭香精油换成葡萄柚精油，除能促进血液循环，也有助改善痤疮。

MEMO

适用肤质 中性、油性、混合性

保存期限 30天

保存方法 放置于干燥无阳光直射处。

使用方法
1. 面部清洁完毕后，取约5角硬币大小的去角质霜，轻轻按摩全脸。
2. 按摩时间不要过久，按摩速度不要过快，避免造成刮伤。
3. 完成按摩动作后，再用清水将去角质霜洗净。

039 甜橙柔肤去角质霜

避免阻塞，改善皮肤粗糙

即便肌肤偏干，也可利用温和型的产品，促进因压力、熬夜、代谢不佳所造成的肥厚角质堆积。这款去角质霜加入具有排毒功效的甜橙精油，不仅能柔化肌肤，还能有效提升皮肤光泽及弹性，使肌肤柔嫩细致。

【工具】

3毫升空针筒 1支
250毫升烧杯 1个
搅拌棒 1支
100毫升量杯 1个
玻璃碟 1个
电子秤 1个
30克面霜盒 1个

【材料】

橄榄油 3毫升
简易乳化剂 0.5毫升
纯水 30毫升
甜橙精油 3滴
薰衣草精油 2滴
玫瑰天竺葵精油 1滴
天然核桃颗粒 2克

【做法】

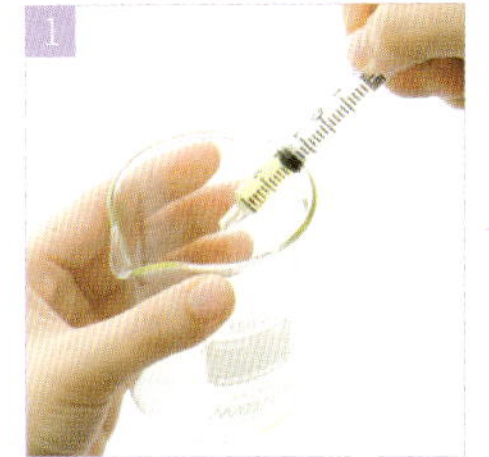
1 用空针筒抽取橄榄油3毫升，滴至烧杯内。

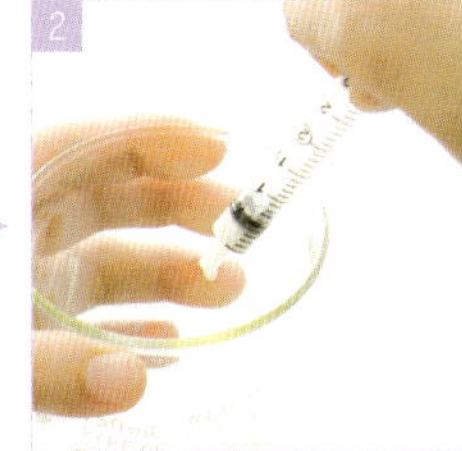
2 再用空针筒抽取简易乳化剂0.5毫升，置入烧杯。

3 以搅拌棒将葡萄籽油与乳化剂充分搅匀，使其呈混浊状。

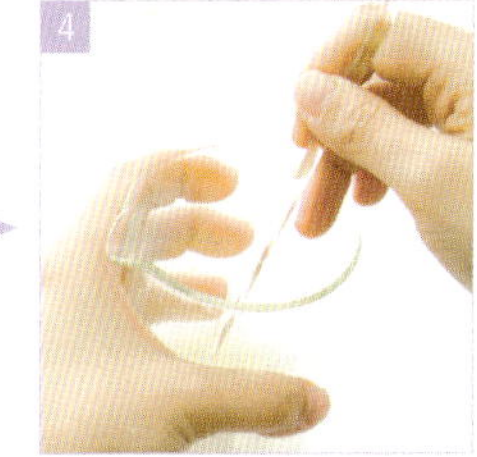
4 以量杯量取纯水30毫升，分次倒入烧杯并同时搅拌，直至呈黏稠状。

5 再加入甜橙精油3滴、薰衣草精油2滴、玫瑰天竺葵精油1滴，拌匀备用。

6 用电子秤量取核桃颗粒2克，加入烧杯内的混合物中。

7 搅拌均匀后即完成去角质霜，装入面霜盒内。

【延伸应用】

040_ 月见草油去角质霜

若将橄榄油换成富含γ-亚麻仁油酸（Gamma Linolenic Acid，简称GLA)的月见草油，能在去角质的同时，帮助角质层锁住水分，达到保湿及修复的效果，使肤质透亮，有光泽。

041_ 罗马洋甘菊精油去角质霜

针对敏感性肌肤，可将甜橙精油换成罗马洋甘菊精油，有助加强镇静安抚的功效。

042_ 乳香精油去角质霜

针对衰老、熟龄肌肤，可将玫瑰天竺葵精油换成乳香精油，帮助减缓细纹，恢复肌肤弹性。

MEMO

适用肤质 中性、干性、混合性

保存期限 30天

保存方法 放置于干燥无阳光直射处。

使用方法
1. 面部清洁完毕后，取约5角硬币大小的去角质霜，轻轻按摩全脸。
2. 按摩时间不要过久，按摩速度不要过快，避免造成刮伤。
3. 完成按摩动作后，再用清水将去角质霜洗净。

贴心提醒 制作此两款去角质霜时，千万不要贪心加太多天然核桃颗粒，以免刮伤皮肤。如果习惯颗粒较多，适量加一点即可。

清洁之后更要保养，
对抗岁月和紫外线侵袭，
保湿、除皱、美白、控油……
唇也要悉心照顾，
美人！

PART 3 自己做！超润泽的｛面部保养用品｝70款

——保湿、控油、紧致、修复，让脸蛋水嫩细致！

043_ 葡萄柚亮肌化妆水
044...花梨木精油化妆水
045...罗马洋甘菊精油化妆水
046...依兰依兰精油化妆水

047_ 迷迭香平衡油脂化妆水
048...苦橙叶茶树精油化妆水
049...甜橙精油化妆水
050...绿花白千层精油化妆水

051_ 罗马洋甘菊呵护调理乳液
052...月见草油乳液
053...依兰依兰精油乳液
054...花梨木精油乳液

055_ 迷迭香紧致保湿乳液
056...苦茶油乳液
057...薰衣草精油乳液
058...大西洋雪松精油乳液

059_ 快乐鼠尾草平衡精华液
060...罗马洋甘菊精油精华液
061...花梨木精油精华液
062...玫瑰草精油精华液
063...依兰依兰精油精华液
064...苦橙叶精油精华液

065_ 茶树除痘精华液
066...大西洋雪松精油精华液
067...甜橙精油精华液
068...花梨木保湿精华液

069_ 柠檬嫩白乳霜
070...依兰依兰精油乳霜
071...绿花白千层精油乳霜
072...花梨木抗皱乳霜

073_ 薄荷修护抗敏乳霜
074...澳大利亚尤加利精油乳霜
075...花梨木精油乳霜

076_ 甜橙水润保湿眼霜
077...乳香精油眼霜
078...玫瑰草精油眼霜

079_ 玫瑰天竺葵抗皱眼霜
080...依兰依兰精油眼霜
081...花梨木精油眼霜

082_ 薰衣草修复护唇膏
083...绿花白千层精油护唇膏
084...甜马郁兰精油护唇膏
085...薄荷精油护唇膏

086_ 甜橙保湿护唇膏
087...橄榄油护唇膏
088...依兰依兰精油护唇膏
089...花梨木精油护唇膏
090...薰衣草精油护唇膏

091_ 茶树皮脂调理按摩油
092...葵花子油按摩油
093...苦橙叶精油按摩油
094...大西洋雪松绿花白千层按摩油

095_ 甜橙焕采按摩油
096...荷荷巴油按摩油
097...花梨木精油按摩油
098...甜马郁兰精油按摩油

099_ 柠檬美白保湿面膜
100...薰衣草精油面膜
101...乳香精油面膜
102...花梨木精油面膜

103_ 迷迭香绿矿泥抗痘面膜
104...茶树精油面膜
105...苦橙叶精油面膜
106...大西洋雪松精油面膜

107_ 罗马洋甘菊防皱眼膜
108...花梨木精油眼膜
109...乳香精油眼膜

110_ 玫瑰天竺葵紧实眼膜
111...玫瑰草精油眼膜
112...依兰依兰精油眼膜

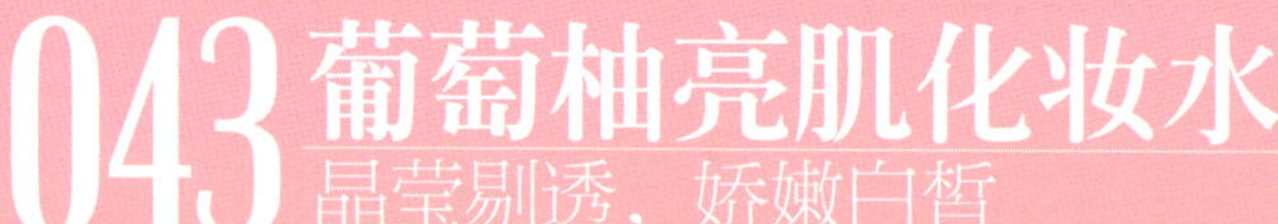

043 葡萄柚亮肌化妆水

晶莹剔透，娇嫩白皙

化妆水的作用在于平衡肌肤当中的水分，加入葡萄柚精油，除了香气清新，还有收敛毛孔、镇静安定的效果，有助于调理黑头粉刺，并能增加面部淋巴循环，促进新陈代谢，让肌肤亮白，不再暗沉。

【工具】		【材料】	
250毫升烧杯	1个	植物性甘油	5滴（约5毫升）
搅拌棒	1支	葡萄柚精油	15滴
100毫升量杯	1个	薰衣草精油	5滴
100毫升避光喷头瓶	1个	纯水	95毫升

【做法】

1

将植物性甘油5滴滴入烧杯中。

2

再将葡萄柚精油、薰衣草精油滴入烧杯中，并用搅拌棒搅匀备用。

3

以量杯量取纯水95毫升，倒入避光喷头瓶中。

4

再将烧杯内的所有材料倒入避光喷头瓶中，即完成化妆水。

5

盖上瓶盖拴紧后，以“前后搓滚”的方式将化妆水摇匀，切勿上下晃动，以免破坏精油的分子能量。

【延伸应用】

044_ 花梨木精油化妆水

可将葡萄柚精油换成花梨木精油，除同样具保湿功效，也因其具有抗过敏成分，能缓和敏感、发痒等现象。

045_ 罗马洋甘菊精油化妆水

若将葡萄柚精油换成罗马洋甘菊精油，则具较强的抗敏效果，且具抗氧化作用，可延缓肌肤老化。

046_ 依兰依兰精油化妆水

若将薰衣草精油换成带有浪漫花香的依兰依兰精油，则有助促进皮肤油脂分泌平衡，干性、油性肤质都适用。

MEMO

- **适用肤质** 中性、油性、混合性
- **保存期限** 30天
- **保存方法** 置于阴凉处，并避免阳光直射。
- **使用方法** 洗完脸后，将化妆水喷洒于全脸，以手轻拍至完全吸收即可。

047 迷迭香平衡油脂化妆水

调理肤质，均匀保湿

皮肤之所以会“出油”，除了雄性激素分泌过盛，也常因为保湿不够，缺水过度，使得皮肤不断分泌油脂来进行保护。若在化妆水中添加迷迭香精油，则可促进皮脂分泌平衡，缩小毛孔，有效改善肤质。

【工具】

250毫升烧杯	1个
搅拌棒	1支
100毫升量杯	1个
100毫升避光喷头瓶	1个

【材料】

植物性甘油	5滴（约5毫升）
迷迭香精油	12滴
柠檬精油	5滴
薄荷精油	3滴
纯水	95毫升

【做法】

将植物性甘油5滴及迷迭香精油12滴、柠檬精油5滴、薄荷精油3滴滴入烧杯中。

用搅拌棒将烧杯中的混合物搅拌均匀备用。

以量杯量取纯水95毫升，倒入避光喷头瓶中。

再将烧杯内的所有材料倒入避光喷头瓶中，即完成化妆水。

盖上瓶盖拧紧后，以“前后搓滚”的方式将化妆水摇匀，切勿上下晃动，以免破坏精油的分子能量。

【延伸应用】

048_ 苦橙叶茶树精油化妆水

若喜欢不同香味，可将迷迭香精油换成苦橙叶精油或茶树精油，对于调理油脂分泌都有不错的效果。

049_ 甜橙精油化妆水

可将柠檬精油换成最能减缓胶原蛋白流失的甜橙精油，能改善皮肤干燥、皱纹等问题。

050_ 绿花白千层精油化妆水

针对痘痘较严重者，可将薄荷精油换成绿花白千层精油，它除了能平衡油脂，还有极强的抗菌力，并可紧实组织，促进伤口痊愈，对于减缓痤疮、粉刺、青春痘都相当有效。

MEMO

适用肤质 油性、混合性

保存期限 30天

保存方法 置于无阳光直射的阴凉处。

使用方法 洗完脸后，将化妆水喷洒于全脸，以手轻拍至完全吸收即可。

贴心提醒 头部曾受伤或癫痫患者，以及孕妇请勿使用迷迭香相关制品。

051 罗马洋甘菊呵护调理乳液

柔化肌肤，完美修复

带有淡淡苹果香的罗马洋甘菊精油，具有柔软皮肤、促进结疤的功效，加入乳液中，可在按摩皮肤，平衡油脂的同时，达到柔化肌肤、修复细胞的功效。

【工具】
3毫升空针筒 1支
100毫升烧杯 1个
搅拌棒 1支
100毫升量杯 1个
40毫升避光压头瓶 1个

【材料】
荷荷巴油（液态蜡） 3毫升
简易乳化剂 0.3毫升
纯水 40毫升
罗马洋甘菊精油 3滴
薰衣草精油 1滴

【做法】

1

以空针筒抽取荷荷巴油3毫升，置于烧杯内。

2

再以空针筒抽取简易乳化剂0.3毫升，倒入烧杯。

3

将荷荷巴油与乳化剂用搅拌棒充分搅匀，直至呈混油状。

4

用量杯量取纯水40毫升，分次慢慢倒入烧杯中，并用搅拌棒搅拌均匀。

5

加入罗马洋甘菊精油、薰衣草精油，均匀搅拌后，即完成乳液。

6

将乳液装入避光压头瓶中，盖好瓶盖保存。

【延伸应用】

052_ 月见草油乳液

可将原本配方中的3毫升荷荷巴油改成2毫升，并加入月见草油1毫升，由于月见草油中具有抗炎成分，有助皮肤舒缓镇定。

053_ 依兰依兰精油乳液

针对熟龄肌肤，可将罗马洋甘菊精油换成依兰依兰精油，以增添保湿、除皱的功效。

054_ 花梨木精油乳液

若皮肤偏干，容易发痒，可将薰衣草精油换成花梨木精油，除促进保湿、刺激细胞组织再生外，对于改善干燥敏感的皮肤很有帮助。

MEMO

适用肤质 所有肤质均适用

保存期限 30天

保存方法 放置于干燥无阳光直射处

使用方法
1 压出1元硬币大小分量的乳液，置于掌心，稍微搓热。
2 以手带乳液轻轻按摩全脸，直至完全吸收即可。

贴心提醒
1 此款乳液也可以用于身体其他较干部位。
2 因未加抗菌剂，若发现乳液表面出现“长细毛”的现象，表示已经发霉，不要再用。
3 如果乳液用起来感觉不够滋润，可改用乳霜，更加保湿。

055 迷迭香紧致保湿乳液

提升弹性，摆脱暗沉

带有木质香气的迷迭香精油，具有可促进细胞代谢的成分，收敛效果也很强，加入乳液中，除可帮助皮肤再生、增加肌肤弹性外，还能达到紧致、亮白的功效，让你看起来更年轻！

【工具】

3毫升空针筒	1支
100毫升烧杯	1个
搅拌棒	1支
100毫升量杯	1个
40毫升避光压头瓶	1个

【材料】

葡萄籽油	3毫升
简易乳化剂	0.3毫升
纯水	40毫升
迷迭香精油	4滴
葡萄柚精油	2滴
茶树精油	2滴

【做法】

1 用空针筒抽取葡萄籽油3毫升，滴入烧杯中。

2 再抽取简易乳化剂0.3毫升，置入烧杯。

3 将葡萄籽油与乳化剂用搅拌棒拌匀，直至呈混浊状。

4 以量杯量取纯水40毫升，分次慢慢倒入烧杯中，并搅拌均匀。

5 再滴入迷迭香精油4滴、葡萄柚精油2滴、茶树精油2滴。

6 将所有配方用搅拌棒搅拌均匀后，即完成乳液，装入避光压头瓶中保存即可。

【延伸应用】

056 苦茶油乳液

可将葡萄籽油换成苦茶油，它除了是烹调好油，也因富含维生素A、维生素E及山茶柑素等，对皮肤有极好的滋润及修复效果。

057 薰衣草精油乳液

针对痘痘型肌肤，可将葡萄柚精油换成具有镇静、修复功效的薰衣草精油，除有助于细胞再生，伤口愈合，还能淡化痘斑。

058 大西洋雪松精油乳液

配方中的茶树精油也可换成大西洋雪松精油，两者同样具有杀菌、收敛效果，有助于消炎、止痒，安抚皮肤。

MEMO

适用肤质 中性、混合性

保存期限 30天

保存方法 放置于干燥无阳光直射处

使用方法 ① 压出1元硬币大小分量的乳液，置于掌心，稍微搓热。
② 以手带乳液轻轻按摩全脸，直至完全吸收即可。

贴心提醒 ① 此款乳液也可以用于身体其他较干部位。
② 因未加抗菌剂，若发现乳液表面出现“长细毛”的现象，表示已经发霉，不要再用。

059 快乐鼠尾草平衡精华液

调理内分泌，改善痘痘肌

[illegible]稠，又[illegible]的精[illegible]于分子较小，所[illegible]较易被[illegible]这款精华液加入具有类[illegible]激素[illegible]快乐鼠尾草精油，[illegible]对于因内分泌失调所导致的[illegible]具有很好的调理功效。

【工具】

搅拌棒	1支
100毫升烧杯	1个
电子秤	1个
100毫升量杯	1个
40毫升避光压头瓶	1个

【材料】

高分子聚合胶（凝胶）	2克
纯水	40毫升
植物性甘油	1滴（约1 毫升）
快乐鼠尾草精油	5滴
薰衣草精油	4滴
玫瑰天竺葵精油	3滴

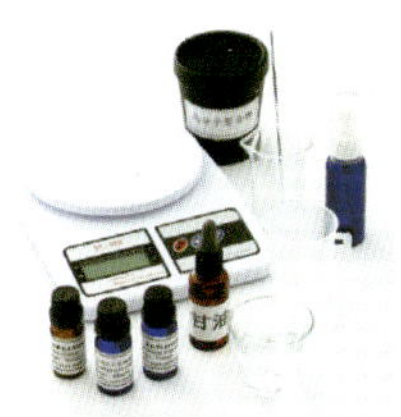

【做法】

1 用搅拌棒挖取高分子凝胶置入烧杯中，放在电子秤上量取所需的2克备用。

2 以量杯装纯水40毫升，分次倒入烧杯中，慢慢与高分子凝胶搅拌融合。

3 确认完全融合后，加入植物性甘油1滴。

4 再加入快乐鼠尾草精油5滴、薰衣草精油4滴、玫瑰天竺葵精油3滴（加入精油时凝胶变混浊是正常的）。

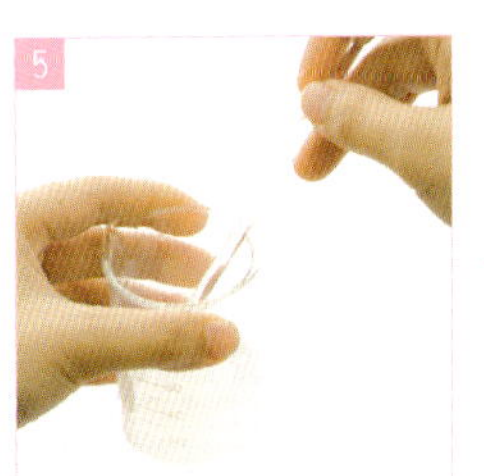

5 将烧杯内所有材料搅拌均匀，即完成精华液。

6 将精华液装入避光压头瓶中，盖上瓶盖封好。

【延伸应用】

060_ 罗马洋甘菊精油精华液

若肌肤属于敏感性的，可将快乐鼠尾草精油换成具有较强镇静及抗过敏效果的罗马洋甘菊精油。

061_ 花梨木精油精华液

薰衣草精油可换成花梨木精油，能增加皮肤的免疫力，也可镇静肌肤，且对发红的痘痘也具有调理效果。

062_ 玫瑰草精油精华液

针对熟龄肌肤，可将薰衣草精油换成玫瑰草精油，增加保湿效果，并可促进皮肤弹性。

063_ 依兰依兰精油精华液

如果喜欢茉莉花调的香气，可采用依兰依兰精油取代玫瑰天竺葵精油，同样具有保湿效果。

064_ 苦橙叶精油精华液

若肤质超油，则可将玫瑰天竺葵精油换成苦橙叶精油，有助于充分平衡油脂分泌。

MEMO

适用肤质 中性、混合性

保存期限 约30天

保存方法 放置干阴凉处，并避免阳光直射，夏天最好放在冰箱里保存。

使用方法
1. 有关各种基础保养品的使用顺序，建议为：化妆水→精华液→眼霜／眼胶→乳液／面霜，但也可依个人需求进行调整。
2. 使用精华液时，约取两颗黄豆大小的分量，然后由下往上按摩整个面部，直至充分吸收为止。

贴心提醒
1. 使用时若觉太干，夏天可加1滴基底油，冬天则加2滴，与精华液于掌心混合后再用。
2. 使用眼霜后眼周会长小脂肪粒的人，可把精华液当眼胶使用。

065 茶树除痘精华液

告别粉刺，滑嫩肌再生

在质地清爽的精华液中，加入具有抗菌、消炎成分的茶树精油，可有效清除痘痘；搭配可调理皮脂的柠檬精油，以及帮助细胞修护的薰衣草精油，不但有助于缓和粉刺形成，还能促进平滑柔嫩肌肤再生。

【工具】

工具	数量
搅拌棒	1支
电子秤	1个
100毫升烧杯	1个
100毫升量杯	1个
40毫升避光压头瓶	1个

【材料】

材料	用量
高分子聚合胶（凝胶）	2克
纯水	40毫升
植物性甘油	1滴（约1毫升）
茶树精油	5滴
柠檬精油	4滴
薰衣草精油	3滴

【做法】

1

用搅拌棒挖取高分子凝胶置入烧杯中，放在电子秤上量取所需的2克备用。

2
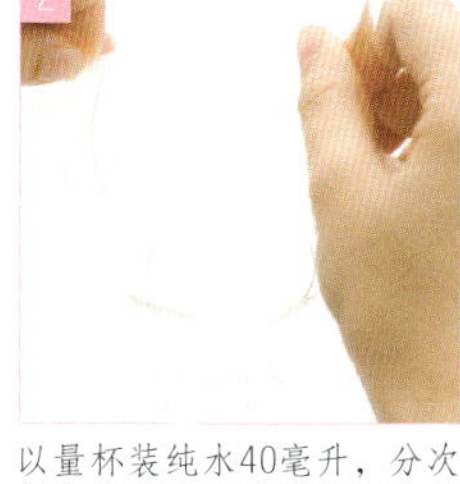
以量杯装纯水40毫升，分次倒入烧杯中，慢慢与高分子凝胶搅拌融合。

3
确认完全融合后，加入植物性甘油1滴。

4

再加入茶树精油5滴、柠檬精油4滴、薰衣草精油3滴（加入精油时凝胶变得混浊是正常现象）。

5

将烧杯内所有材料搅拌均匀，即完成精华液。

6

将精华液装入避光压头瓶中，盖上瓶盖封好。

【延伸应用】

066_ 大西洋雪松精油精华液

可将柠檬精油换成大西洋雪松精油，有助于调理收敛肌肤。

067_ 甜橙精油精华液

可将柠檬精油换成甜橙精油，同样具有调理油脂的功效。

068_ 花梨木保湿精华液

若皮肤既干又油，可采用较温和的花梨木精油取代薰衣草精油，不但刺激性低，而且保湿性好，具有平衡油脂、活化肌肤、增加光泽、预防皱纹的效果。

MEMO

适用肤质　中性、油性、混合性

保存期限　约30天

保存方法　放置于阴凉处，并避免阳光直射，夏天最好放在冰箱里保存。

使用方法

1. 有关各种基础保养品的使用顺序，建议为：化妆水→精华液→眼霜／眼胶→乳液／面霜，但也可依个人需求进行调整。
2. 使用精华液时，约取两颗黄豆大小的分量，然后由下往上按摩整个面部，直至充分吸收为止。

贴心提醒

1. 精华液调好后可先在手背试试质地，如觉太稠，就再加水；若太稀，就再加一点凝胶，但每次请只加一点点，不然很容易失败。
2. 使用时若觉太干，夏天可加1滴基底油（如荷荷巴油、葡萄籽油或橄榄油等），冬天则加2滴，与精华液于掌心混合后再用。
3. 使用眼霜后眼周会长小脂肪粒的人，可把精华液当眼胶使用。

069 柠檬嫩白乳霜

温和美白，收缩毛孔

柠檬精油具有美白作用，加在乳霜中保养皮肤，不但能增加皮肤光泽，甚至还可淡化斑点。此外，它也具有收敛效果，可以帮助油性肌肤减少皮脂分泌，让肤质呈现柔嫩的状态。

【工具】

3毫升空针筒 1支
100毫升烧杯 1个
搅拌棒 1支
50毫升烧杯 1个
150毫升烧杯 1个
电子秤 1个
电磁炉或瓦斯炉 1个
金属锅 1个
30克面霜罐 1个

【材料】

材料	用量
苦茶油	2毫升
月见草油	1毫升
简易乳化剂	0.5毫升
纯水	25毫升
柠檬精油	3滴
薰衣草精油	2滴
甜橙精油	1滴
乳油木果脂	2克

【做法】

1 以针筒抽取苦茶油2毫升、月见草油1毫升，置于100毫升的烧杯内。

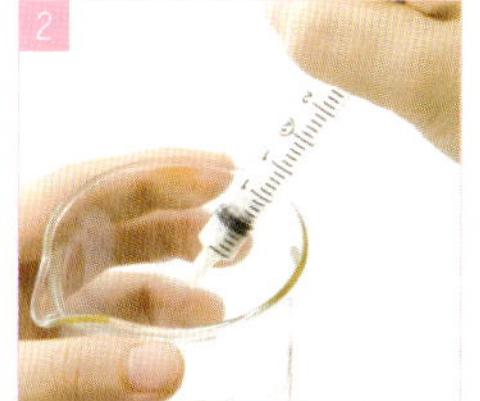

2 再抽取简易乳化剂0.5毫升，滴入烧杯中后，用搅拌棒将杯内的混合物充分搅匀，呈混浊状。

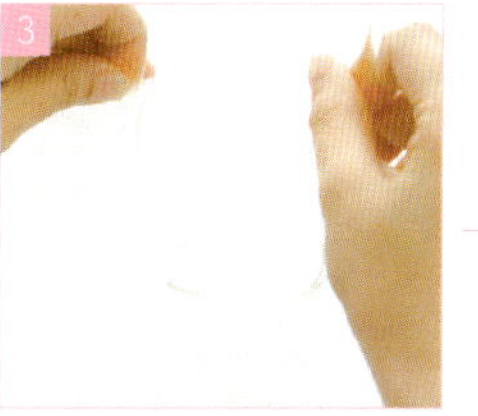

3 以50毫升烧杯量取纯水25毫升，分次倒入烧杯中，慢慢搅拌均匀。

4 再滴入柠檬精油3滴、薰衣草精油2滴、甜橙精油1滴，搅拌均匀后备用。

5 用搅拌棒挖取乳油木果脂，置于150毫升的空烧杯中，放在电子秤上量取所需要的2克。

6 将装有乳油木果脂的烧杯放在金属锅中隔水加热，并同时搅拌，使乳油木果脂融化为液体。

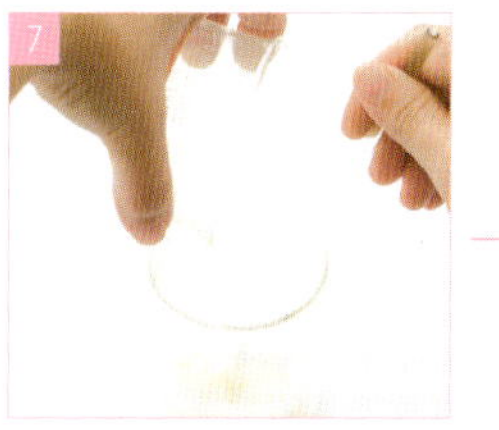

7 将融化后的乳油木果脂倒入步骤4的混合物中，并用搅拌棒搅拌均匀，即完成乳霜。

8 以搅拌棒将乳霜成品拨入面霜罐中，盖上瓶盖即可。

【延伸应用】

070_ 依兰依兰精油乳霜

若喜欢花香调，可将薰衣草精油换成依兰依兰精油，除了有浓郁的香气，还具有保湿、平衡油脂的功效。

071_ 绿花白千层精油乳霜

将甜橙精油换成绿花白千层精油，可刺激皮肤再生，加强代谢，还可调合苦茶油的味道。

072_ 花梨木抗皱乳霜

针对较干燥的肌肤，可将甜橙精油换成花梨木精油，同样能有效保湿，并具抗皱效果，能改善肌肤老化、松弛等现象。

MEMO

适用肤质 中性、混合性

保存期限 30天

保存方法 放置在干燥无阳光直射处，用完后记得拧紧盒盖。

使用方法
1. 压出约1元硬币面积大小的乳霜于掌心，稍加揉搓，加温乳霜。
2. 以手带乳霜轻轻按摩全脸，直至完全吸收即可。
3. 也可用于身体其他部位，方法同上。

073 薄荷修护抗敏乳霜

缓解干痒，保湿润泽

薄荷具有收缩微血管、消炎、舒缓发痒的生理性功效，并具有保湿、预防皱纹的效果。这款乳霜中加入薄荷精油，不但可柔软肌肤，并能缓减干痒现象，全身都适用。

【工具】

工具	数量
3毫升空针筒	1支
100毫升烧杯	1个
搅拌棒	1支
50毫升烧杯	1个
150毫升烧杯	1个
电子秤	1个
电磁炉或瓦斯炉	1个
金属锅	1个
30克面霜罐	1个

【材料】

材料	用量
橄榄油	2毫升
月见草油	1毫升
简易乳化剂	0.5毫升
纯水	25毫升
薄荷精油	4滴
薰衣草精油	3滴
罗马洋甘菊精油	2滴
凡士林	2克

【做法】

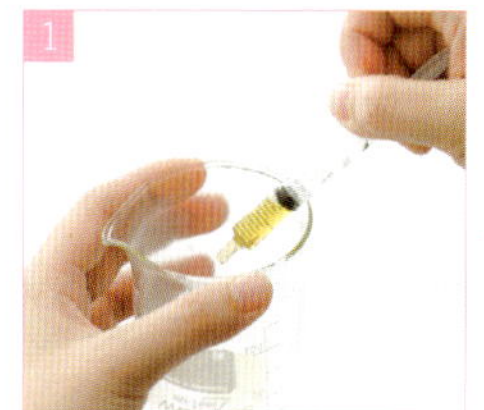

1 用针筒抽取橄榄油2毫升、月见草油1毫升，滴于100毫升的烧杯内。

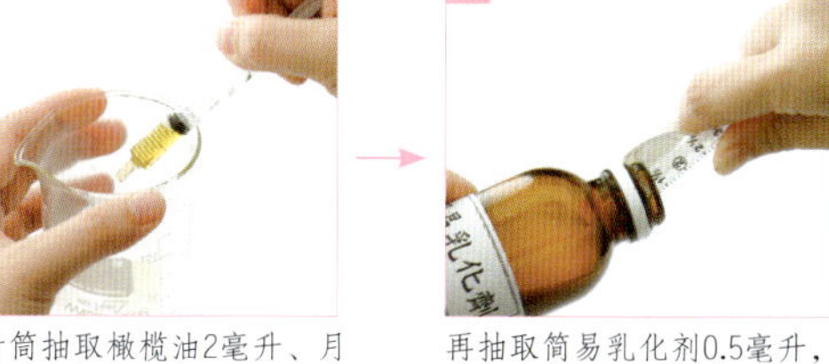

2 再抽取简易乳化剂0.5毫升，滴入烧杯后，用搅拌棒将杯内的混合物充分搅匀，直至呈混浊状。

3 以50毫升的烧杯量取纯水25毫升，分次倒入烧杯中，慢慢搅拌均匀。

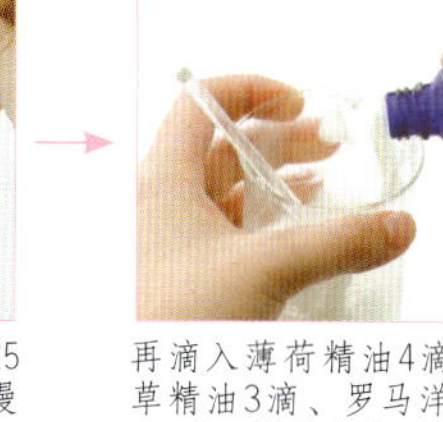

4 再滴入薄荷精油4滴、薰衣草精油3滴、罗马洋甘菊精油2滴，搅拌均匀后备用。

5 用搅拌棒挖取凡士林，置于150毫升的空烧杯中，放在电子秤上正确量取所需要的2克。

6 将装有凡士林的烧杯放在金属锅中隔水加热，并同时搅拌，使凡士林熔化为液体。

7 将融化后的凡士林倒入步骤4的混合物中。

8 搅拌均匀，即完成乳霜，然后以搅拌棒挖取装入面霜罐中，盖紧瓶盖存放即可。

【延伸应用】

074_ 澳大利亚尤加利精油乳霜

若皮肤有发炎、发痒，甚至蓄脓等现象，可将薄荷精油换成澳大利亚尤加利精油，它具有极佳的杀菌、消炎、抗菌功效，并能帮助伤口愈合，促进皮肤组织新生。

075_ 花梨木精油乳霜

配方中的罗马洋甘菊精油具有抗过敏效果，也可用花梨木精油取代，除保湿性好，同样也能够调整敏感性肌肤。

MEMO

适用肤质 所有肤质均适用

保存期限 30天

保存方法 放置于干燥无阳光直射处，用完后拧紧盒盖。

使用方法
1 压出约1元硬币面积大小的乳霜于掌心，稍加揉搓，加温乳霜。
2 以手带乳霜轻轻按摩全脸，直至完全吸收即可。
3 也可用于身体其他部位，方法同上。

贴心提醒
1 如果喜欢较滋润，可增加0.5克的凡士林；如果不喜欢太油腻，则可减少0.5克的凡士林。
2 凡士林会形成保护膜，适用于脆弱及需要修复的皮肤。
3 此两款乳霜因未加抗菌剂，如果发现乳霜表面有“长细毛”的现象，表示已经发霉，勿再使用。

076 甜橙水润保湿眼霜

防止干燥，维持清丽眼眸

眼睛周围的肌肤最为脆弱，将具有补水、锁水功效的甜橙精油加入眼霜当中，不但能改善肌肤夜间缺水问题，使眼周不再干燥，还能刺激胶原蛋白增生，让眼周肌肤保有弹性与光泽。

【工具】

工具	数量
3毫升空针筒	1支
250毫升烧杯	1个
搅拌棒	1支
100毫升量杯	1个
40克的面霜罐	1个

【材料】

材料	用量
苦茶油	2毫升
荷荷巴油（液态蜡）	1毫升
简易乳化剂	0.5毫升
纯水	40毫升
甜橙精油	3滴
迷迭香精油	2滴

【做法】

1

用针筒抽取苦茶油与荷荷巴油，滴于烧杯内。

2

再用空针筒抽取简易乳化剂0.5毫升，滴入烧杯中。

3

将烧杯内所有材料搅匀，直至呈混浊状。

4

以量杯量取纯水40毫升，分次倒入烧杯中，并同时慢慢搅拌。

5

再滴入甜橙精油3滴、迷迭香精油2滴，搅拌均匀，即完成眼霜。

6

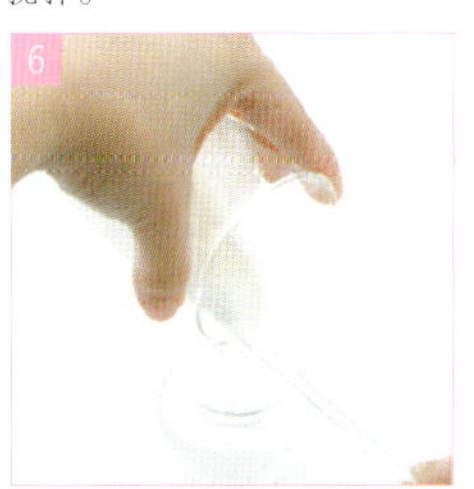

以搅拌棒挖取眼霜成品，装入面霜罐中，并盖上瓶盖即可。

【延伸应用】

077 乳香精油眼霜

针对肌肤老化，可将甜橙精油换成乳香精油，能有效改善细纹，使皮肤恢复年轻平滑。

078 玫瑰草精油眼霜

针对外油内干的肤质，可将迷迭香精油换成玫瑰草精油，它能在肌肤表面形成天然保水膜，润泽度佳。

MEMO

适用肤质　中性、混合性

保存期限　30天

保存方法　放置于干燥无阳光直射处。

使用方法

1. 压出黄豆大小的眼霜于掌心，并稍加搓热。
2. 手指蘸取眼霜，以轻点的方式按压眼部四周，直至完全吸收即可。
3. 此款眼霜亦可当做颈霜使用；沐浴清洁后，取适量乳霜涂抹、按摩颈部即可。

贴心提醒　如果使用眼霜后眼周长小脂肪粒，表示过于滋润，建议不要再使用，以敷眼膜的方式进行保养即可。

079 玫瑰天竺葵抗皱眼霜

延缓老化，对抗鱼尾纹

想要对付眼部细纹，可在眼霜中加入具有紧实功效的玫瑰天竺葵精油，它能促进新陈代谢，活化细胞，有效淡化暗沉、浮肿等现象，并达到延缓鱼尾纹形成的功效，让眼部重现青春紧致的光彩！

【工具】

3毫升空针筒	1支
250毫升烧杯	1个
搅拌棒	1支
100毫升量杯	1个
40克面霜罐	1个

【材料】

月见草油	1毫升
荷荷巴油（液态蜡）	2毫升
简易乳化剂	0.5毫升
纯水	40毫升
玫瑰天竺葵精油	3滴
甜橙精油	2滴

【做法】

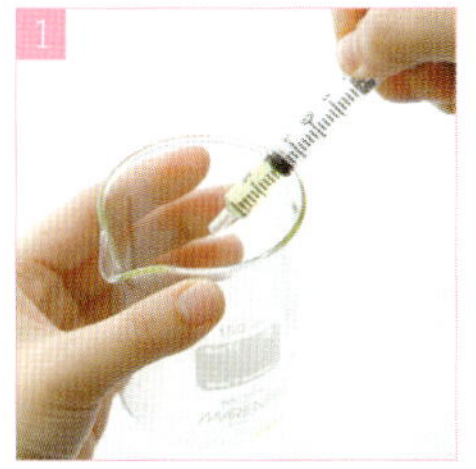

1 用针筒抽取月见草油与荷荷巴油，滴于烧杯内。

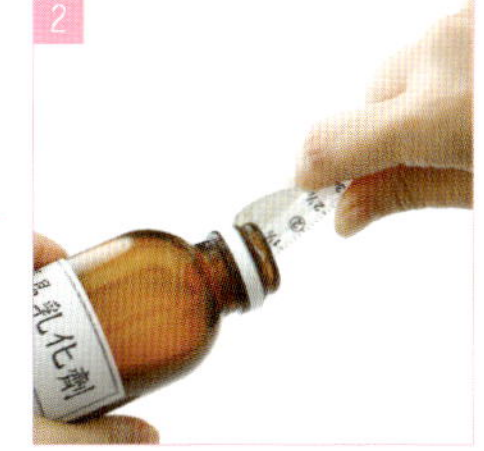

2 再用空针筒抽取简易乳化剂0.5毫升，滴入烧杯中。

3 将烧杯内所有配方以搅拌棒充分搅匀，直至呈混浊状。

4 以量杯量取纯水40毫升，分次倒入烧杯中，并同时搅拌。

5 再滴入玫瑰天竺葵精油3滴、甜橙精油2滴。

6 将烧杯内所有材料搅拌均匀，即完成眼霜。最后将成品装入面霜罐，盖上瓶盖即可。

【延伸应用】

080_ 依兰依兰精油眼霜

针对特别干燥、粗糙的肌肤，亦可将玫瑰天竺葵精油换成依兰依兰精油，它具有极好的修复效果，可润泽、抗皱，改善松弛、干裂等老化现象。

081_ 花梨木精油眼霜

如果喜欢木质调，可将配方中带有果香气息的甜橙精油换成花梨木精油，两者同样具有保湿功效。

MEMO

适用肤质 中性、干性、敏感性

保存期限 30天

保存方法 放置于干燥无阳光直射处。

使用方法 ① 压出黄豆大小的眼霜于掌心，并稍加搓热。② 手指蘸取眼霜，以轻点的方式按压眼部四周，直至完全吸收即可。

贴心提醒 如果使用眼霜后眼周长小脂肪粒，表示过于滋润，建议不要再使用，以敷眼膜的方式进行保养即可。

082 薰衣草修复护唇膏

杜绝皲裂，滋润活化双唇

嘴唇干燥甚至脱皮皲裂，不但有碍美观，严重者甚至会有流血、疼痛等不适现象。这款护唇膏加入具有修护成分的薰衣草精油，能充分润泽唇部肌肤，并疗愈伤口，让双唇重现柔嫩活力。

【工具】

3毫升空针筒 1支
50毫升烧杯 1个
搅拌棒 1支
电子秤 1个
150毫升烧杯 1个
电磁炉或瓦斯炉 1个
金属锅 1个
5克唇膏管 1支

【材料】

橄榄油 2毫升
荷荷巴油（液态蜡） 1毫升
薰衣草精油 3滴
甜橙精油 2滴
蜂蜡 2克

【做法】

1 以针筒抽取橄榄油2毫升与荷荷巴油1毫升，置入50毫升的烧杯中。

2 再滴入薰衣草精油3滴、甜橙精油2滴。

3 用搅拌棒将烧杯中的混合物搅拌均匀后，静置备用。

4 再挖取蜂蜡置入150毫升的烧杯中，并称出2克后，再将烧杯移至金属锅中，以炉火进行隔水加热。

5 搅拌烧杯中的蜂蜡，让蜂蜡熔化为液体。

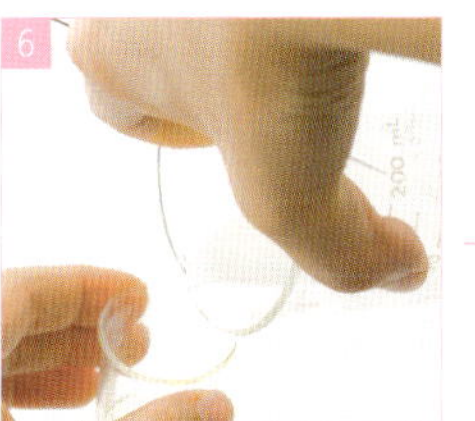

6 再将液体蜂蜡倒入步骤3的混合物中，拌匀，即完成唇膏液。

7 将唇膏液慢慢倒入唇膏管中，静置10~20分钟，直至凝固即可。

【延伸应用】

083_ 绿花白千层精油护唇膏

若想加强修护功能，可将配方中的甜橙精油置换成绿花白千层精油，它的抗菌力好，并能促进局部血液循环，可达到紧实组织，以及细胞再生的功效。

084_ 甜马郁兰精油护唇膏

可将配方中的甜橙精油换成甜马郁兰精油，它具有扩张微血管的功效，在涂抹护唇膏的同时轻轻按摩双唇，可增加局部血液循环，促进新陈代谢。

085_ 薄荷精油护唇膏

如果喜欢擦起来有清凉的感觉，可将甜橙精油换成薄荷精油。

MEMO

适用肤质 所有肤质均适用

保存期限 约30天

保存方法 放置于阴凉处，避免阳光直射。

使用方法 将护唇膏轻轻涂抹一层于双唇即可，随时可用。

贴心提醒 如果没有瓦斯炉或电磁炉等火源，也可直接用热水隔水加热，只是速度很慢，熔化的时间较久。

086 甜橙保湿护唇膏

长效锁湿，维持水嫩美唇

在护唇膏中添加带有橘子香气的甜橙精油，能在唇部表面形成保护膜，持续维持水润感，并赋予细胞活力，活化唇部肌肤，让双唇柔软、亮泽，有弹性，自然就很迷人！

【工具】

工具	数量
搅拌棒	1支
150毫升烧杯	1个
电子秤	1个
金属锅	1个
电磁炉或瓦斯炉	1个
50毫升烧杯	1个
3毫升空针筒	1支
5克唇膏盒	1个

【材料】

材料	用量
蜂蜡	2克
荷荷巴油（液态蜡）	3毫升
甜橙精油	3滴
玫瑰天竺葵精油	2滴

【做法】

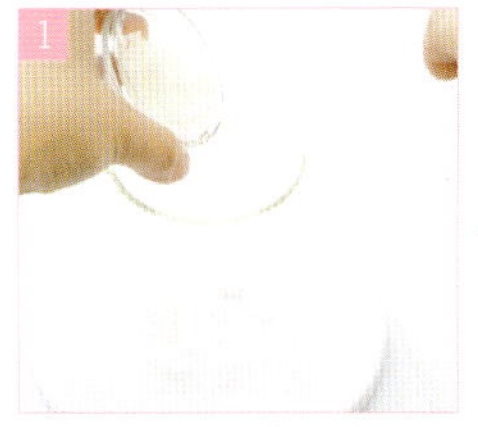

以搅拌棒挖取蜂蜡放入150毫升的烧杯中，再以电子秤正确量取所需的2克。

将烧杯置于金属锅中进行隔水加热，并同时搅拌蜂蜡。

待杯中的蜂蜡熔化为液体后，依然静置于热水锅中备用。

另取50毫升烧杯，以针筒抽取荷荷巴油3毫升置入，再滴入甜橙精油3滴、玫瑰天竺葵精油2滴。

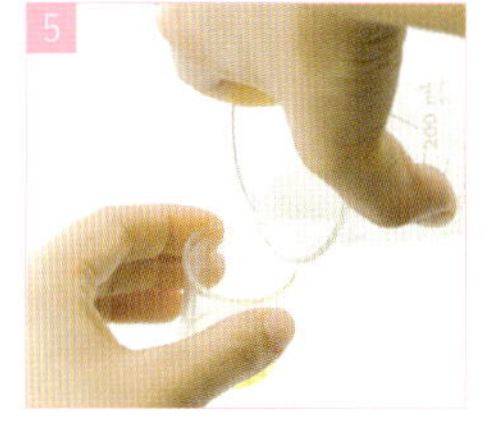

将液体蜂蜡倒入步骤4的烧杯中。

用搅拌棒将所有材料充分搅拌均匀，即成护唇膏液。

将护唇膏液慢慢倒入唇膏盒中，静置10~20分钟，直至凝固为止。

【延伸应用】

087_ 橄榄油护唇膏

如想加强保湿效果，可将配方中的荷荷巴油3毫升，改为荷荷巴油及橄榄油各1.5毫升。

088_ 依兰依兰精油护唇膏

玫瑰天竺葵精油可以用依兰依兰精油替代，除可使气味有茉莉的花香气味，还有保湿功能。

089_ 花梨木精油护唇膏

可将玫瑰天竺葵精油换成花梨木精油，同样具有促进细胞再生、适度减轻唇纹的功效。

090_ 薰衣草精油护唇膏

将玫瑰天竺葵精油换成具有抗菌、疗愈效果的薰衣草精油，可促进细胞的修复，以维护双唇的平滑水嫩。

MEMO

- **适用肤质** 所有肤质均适用
- **保存期限** 约30天
- **保存方法** 放置于阴凉处，避免阳光直射。
- **使用方法** 将护唇膏轻轻涂抹一层于双唇即可，随时可用。
- **贴心提醒** 制作此两款护唇膏时，如果觉得太油，可增加蜂蜡0.2克，减少荷荷巴油0.2毫升；若想再滋润些，则增加荷荷巴油0.2毫升，减少蜂蜡0.2克。

091 茶树皮脂调理按摩油

促进循环，平衡分泌

茶树精油中含有大量天然醇类，抗菌效果良好，常被用于治疗痤疮。加入按摩油中定期保养面部，可促进肌肤新陈代谢，改善血液循环，并调节皮脂腺分泌油脂，有效去除衰老萎缩的上皮细胞，改善痘痘肌。

【工具】

30毫升避光短压头瓶	1个
100毫升量杯	1个

【材料】

葡萄籽油	25毫升
荷荷巴油（液态蜡）	5毫升
茶树精油	3滴
薰衣草精油	2滴
快乐鼠尾草精油	1滴

【做法】

1 将避光短压头瓶洗净、拭干。

2 以量杯量取葡萄籽油25毫升与荷荷巴油5毫升，倒入干燥的避光短压头瓶中。

3 再滴入茶树精油3滴、薰衣草精油2滴、快乐鼠尾草精油1滴。

4 盖上瓶盖拧紧，以"前后搓滚"的方式将油摇匀（勿上下晃动，以免破坏精油分子能量），即完成面部按摩油。

【延伸应用】

092_ 葵花子油按摩油

可将葡萄籽油换成葵花子油，质地一样清爽。

093_ 苦橙叶精油按摩油

如想增强镇静作用，可将快乐鼠尾草精油换成苦橙叶精油，它具有能消炎、收敛的成分，对于治疗粉刺、青春痘有不错的功效。

094_ 大西洋雪松绿花白千层按摩油

也可将配方中的薰衣草精油及快乐鼠尾草精油，换成大西洋雪松精油2滴、绿花白千层精油1滴，这款配方同样具有极好的抗痘及控油功效，特别是大西洋雪松精油的气味较为中性化，十分适合男性。

MEMO

适用肤质 油性、混合性、敏感性

保存期限 45天

保存方法 放置于干燥无阳光直射处，用完后记得拧紧瓶盖。

使用方法
1 压出约5角硬币大小的按摩油后，于手心中稍加搓热。
2 以手带按摩油均匀轻涂于面部。
3 以由下往上、由内而外的方式，进行面部按摩2～3分钟。
4 按摩完毕后，可用洗面皂将按摩油洗去；若不觉得油腻，也可不必去除按摩油。

贴心提醒
1 按摩前先进行去角质及清洁的工作，更能使按摩油吸收。
2 按摩时，亦可搭配刮痧板进行。

095 甜橙焕采按摩油

消除暗沉浮肿，重现肌肤弹力

正确按摩可改善面部皮肤的呼吸功能，若在按摩油中加入具有促进发汗、帮助排毒成分的甜橙精油，能有效减缓干燥，淡化皱纹，并达到去浮肿、紧实面部线条的效果，让面色呈现自然红润的光彩。

【工具】 30毫升避光短压头瓶 1个
100毫升量杯 1个

【材料】

荷荷巴油（液态蜡）	15毫升
葵花子油	10毫升
月见草油	5毫升
甜橙精油	3滴
薰衣草精油	2滴
玫瑰天竺葵精油	1滴

【做法】

1 将避光短压头瓶洗净、拭干。

2 以量杯量取荷荷巴油15毫升、葵花子油10毫升与月见草油5毫升，倒入避光短压头瓶中。

3 再滴入甜橙精油3滴、薰衣草精油2滴、玫瑰天竺葵精油1滴。

4 盖上瓶盖拧紧，以“前后搓滚”的方式将油摇匀（勿上下晃动，以免破坏精油分子能量），即完成面部按摩油。

【延伸应用】

096_ 荷荷巴油按摩油
如果没有月见草油，则将配方中的荷荷巴油直接加到20毫升。

097_ 花梨木精油按摩油
针对熟龄肌肤，可将薰衣草精油换成花梨木精油，因为除了同样具有消炎、抗菌的功能，它还能促进细胞再生，加上温和、不刺激的特性，十分适合老化皮肤使用。

098_ 甜马郁兰精油按摩油
若想放松面部肌肉，可将玫瑰天竺葵精油换成甜马郁兰精油，它能放松肌肉紧绷感，促进肌肤新陈代谢，改善暗沉。

MEMO

适用肤质 中性、干性、混合性

保存期限 45天

保存方法 放置于干燥无阳光直射处，用完后记得拧紧瓶盖。

使用方法
1 压出5角硬币大小的按摩油后，于手心中稍加搓热。
2 以手带按摩油均匀轻涂于面部。
3 以由下往上、由内而外的方式，进行面部按摩2～3分钟。
4 按摩完毕后，可用洗面皂将按摩油洗去；若不觉得油腻，也可不必去除按摩油。

贴心提醒
1 按摩前先进行去角质及清洁的工作，更能使按摩油吸收。
2 按摩时，亦可搭配刮痧板进行。

099 柠檬美白保湿面膜

阻绝挥发，瞬间锁水

敷脸美肤的原理，在于暂时阻隔空气，让肌肤在密闭状态下增加表面温度，提升局部新陈代谢速率，一方面可让面膜中的养分更易被皮肤吸收，另一方面也可降低肌肤水分挥发的速度。在面膜中加入具有抗菌、美白成分的柠檬精油，还可同时达到净化肌肤、淡化斑点的功效。

【工具】

搅拌棒 1支
100毫升量杯 1个
电子秤 1个
250毫升烧杯 1个
40克面霜罐 1个

【材料】

高岭土面膜粉 12克
玫瑰土面膜粉 8克
纯水 20毫升
月见草油 1滴
柠檬精油 1滴

【做法】

1 以搅拌棒将高岭土面膜粉拨入量杯，再将量杯放在电子秤上，正确量取所需的12克。

2 将量好的高岭土面膜粉倒入烧杯中备用。

3 以同样方式称出玫瑰土面膜粉8克，然后倒入烧杯中。

4 再以量杯取纯水20毫升，同样倒入烧杯。

5 将烧杯内的所有材料充分搅拌均匀。

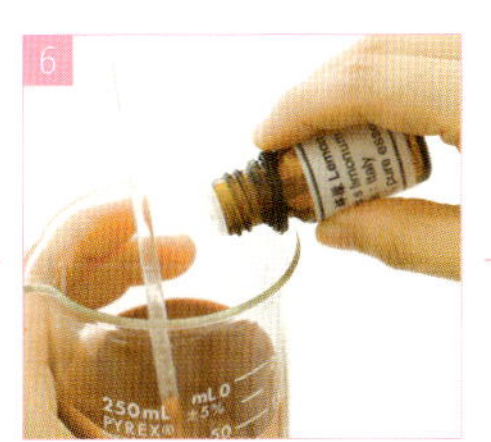
6 再滴入月见草油及柠檬精油各1滴。

7 搅拌均匀后，即完成面膜膏，以搅拌棒将成品拨入面霜罐中存放。

【延伸应用】

100 薰衣草精油面膜

针对痘痘、痤疮型肌肤，可将柠檬精油换成薰衣草精油，因为它具有极佳的抑菌、抗发炎的功效，并能淡化疤痕。

101 乳香精油面膜

针对熟龄肌，可将柠檬精油换成具有淡化皱纹功效的乳香精油，有助老化肌恢复平滑光泽。

102 花梨木精油面膜

针对干燥敏感性肌肤，可将柠檬精油换成花梨木精油，它除了具有抗过敏、抗发炎的成分，也兼具保湿成分，对于改善干燥敏感、发痒发炎的皮肤很有帮助。

MEMO

适用肤质 中性、干性、混合性

保存期限 3～5天

保存方法 放置于阴凉处，并避免阳光直射。

使用方法
1 将脸洗净，稍微擦干后，取适量面膜膏均匀涂抹于全脸。
2 让面膜在脸上停留3～5分钟后，以清水冲掉即可。
3 如果怕太干，可先用纯水浸湿面膜纸，在面部敷上面膜泥，再敷面膜纸。

103 迷迭香绿矿泥抗痘面膜

深层清洁，吸附油脂

油性、易长痘痘的肌肤，可在敷脸时加强调理油脂。这款面膜使用富含矿物质的绿矿泥，具有吸附多余油脂、温和去除角质的功能，加上迷迭香精油能消炎、镇定，收敛效果极好，非常适用于进行抗痘保养。

【工具】

100毫升量杯	1个	250毫升烧杯	1个
电子秤	1个	40克面霜罐	1个
搅拌棒	1支		

【材料】

高岭土面膜粉	12克
绿矿泥面膜粉	8克
纯水	20毫升
月见草油	1滴
迷迭香精油	1滴

【做法】

1 将高岭土面膜粉以搅拌棒拨入量杯，再置于电子秤上正确量取所需的12克后，倒入烧杯中。

2 用同样方式，量取绿矿泥面膜粉8克。

3 将量好的绿矿泥面膜粉倒入已置有高岭土面膜粉的烧杯中。

4 以量杯量取纯水20毫升，倒入烧杯。

5 将烧杯内的所有材料充分搅拌均匀。

6 再滴入月见草油及迷迭香精油各1滴。

7 搅拌均匀后，即完成面膜膏，以搅拌棒将成品拨入面霜罐中存放。

【延伸应用】

104 茶树精油面膜

如想增强抗菌功能，可将迷迭香精油换成具有多种天然醇类成分的茶树精油，有助于痘痘肌肤避免感染。

105 苦橙叶精油面膜

将迷迭香精油换成苦橙叶精油，可刺激代谢，促进皮脂分解，特别适合调理毛孔粗大、分泌旺盛的皮肤。

106 大西洋雪松精油面膜

也可将迷迭香精油以大西洋雪松精油替换，同样具有杀菌、消毒的成分，并能收敛、调理毛孔。

MEMO

适用肤质　中性、油性、混合性

保存期限　3～5天

保存方法　放置于阴凉处，并避免阳光直射。

使用方法
1 将脸洗净，稍微擦干后，取适量面膜膏均匀涂抹于全脸。
2 让面膜在脸上停留3～5分钟后，以清水冲掉即可。
3 如果怕太干，可先用纯水浸湿面膜纸，在面部敷上面膜泥，再敷面膜纸。

贴心提醒
1 如果觉得此款面膜太干，调制时可再加1毫升荷荷巴油。
2 此两款面膜调好一次可敷1～2次，由于不易保存，所以不建议大量调制。

107 罗马洋甘菊防皱眼膜

保湿润滑，延缓老化

罗马洋甘菊精油是较温和的精油之一，具有极好的护肤功能，用于眼部保养，可增加肌肤活性，提高肌肤含水量，有良好的保湿、润滑作用，让眼周肌肤青春，有弹性，并减少黑眼圈及细纹的形成。

【工具】

100毫升烧杯	1个
电子秤	1个
搅拌棒	1支
100毫升量杯	1个
玻璃盘	1个
塑料密封保鲜盒	1个

【材料】

材料	用量
高分子聚合胶（凝胶）	2克
纯水	20毫升
植物性甘油	1滴（约1毫升）
罗马洋甘菊精油	4滴
眼膜纸	1对

【做法】

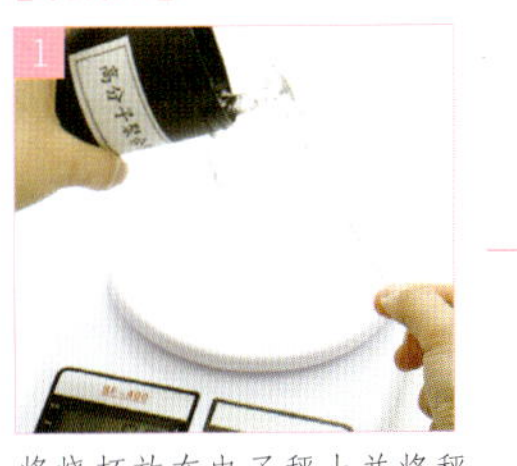

1 将烧杯放在电子秤上并将秤归零后，以搅拌棒将高分子凝胶拨入烧杯中，量取所需要的2克。

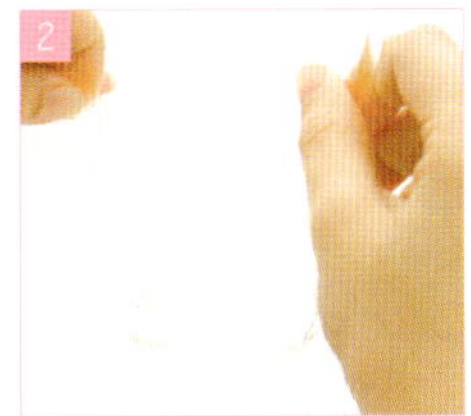

2 以量杯量取纯水，分次慢慢倒入烧杯，与高分子凝胶加以搅拌融合。

3 完全融合后，滴入植物性甘油1滴。

4 再滴入罗马洋甘菊精油4滴（此时凝胶会变得混浊，这是正常现象），加以搅拌均匀后，即完成精华液。

5 将眼膜纸平放在玻璃盘中，然后将精华液倒在眼膜纸上。

6 用搅拌棒稍加调拌，让精华液在眼膜纸上均匀分布、吸收，再将完成的眼膜置于密封保鲜盒中存放。

【延伸应用】

108 花梨木精油眼膜

针对干燥敏感、易发炎的肌肤，可用花梨木精油取代罗马洋甘菊精油，皆有消炎、抗过敏的功效，能缓和过敏，充分保湿，提供极好的平衡效果。

109 乳香精油眼膜

针对熟龄肌肤，可采用乳香精油取代罗马洋甘菊精油，它能促进细胞再生，增加肌肤弹性，有助于抗衰老。

MEMO

适用肤质 所有肤质均适用

保存期限 放在保鲜盒中可放7天，未放保鲜盒为1～2天。

保存方法 置于避免阳光直射处，最好放在冰箱内冷藏，除有助于保存，同时冰过的眼膜对于浮肿的眼睛也有较好的舒缓效果。

使用方法
1. 将眼膜从冰箱中取出，从眼角向眼尾的方向，敷在眼袋上。
2. 停留3～5分钟后，即拿掉眼膜，并擦上适量的眼霜，让眼部肌肤得到滋润，避免产生皱纹。
3. 建议一周最多使用两次。另外，也不可敷过久甚至敷着眼膜睡觉，以免眼膜中的精华液全部挥发后带走肌肤中的水分，反而导致干燥。

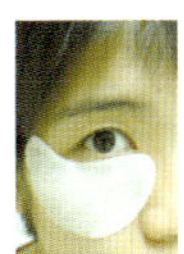

眼膜

110 玫瑰天竺葵紧实眼膜

促进循环，排毒消肿

玫瑰天竺葵精油具有加强血液循环、促进代谢排毒的功效，加在眼膜中进行日常保养，可活化眼周细胞，消除浮肿现象，让眼部肌肤呈现平滑紧实的状态，让你远离“泡泡眼”的威胁！

【工具】

100毫升烧杯	1个
电子秤	1个
搅拌棒	1支
100毫升量杯	1个
玻璃盘	1个
塑料密封保鲜盒	1个

【材料】

高分子聚合胶（凝胶）	2克
纯水	20毫升
植物性甘油	1滴（约1毫升）
玫瑰天竺葵精油	4滴
眼膜纸	1对

【做法】

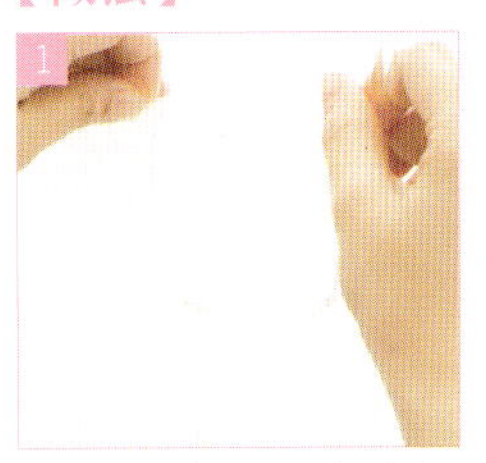

1 将烧杯放在电子秤上并将秤归零后，以搅拌棒将高分子凝胶拨入烧杯中，量取所需要的2克。

2 以量杯量取纯水，分次慢慢倒入烧杯，与高分子凝胶加以搅拌融合。

3 滴入植物性甘油1滴、玫瑰天竺葵精油4滴。

4 将所有材料搅拌均匀，即完成精华液。

5 将眼膜纸平放在玻璃盘中，然后将精华液倒在眼膜纸上。

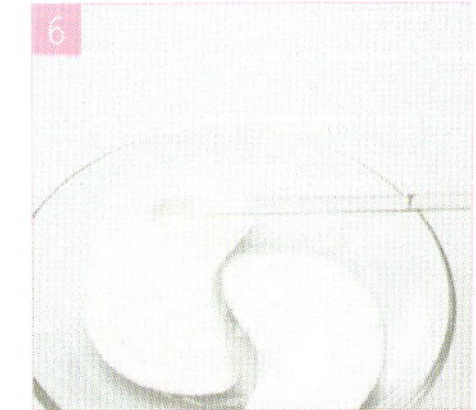

6 用搅拌棒稍加调拌，让精华液在眼膜纸上均匀分布、吸收，再将完成的眼膜置于密封保鲜盒中存放。

【延伸应用】

111_ 玫瑰草精油眼膜

如想加强保湿功能及抚平细纹，可用玫瑰草精油代替玫瑰天竺葵精油，它能刺激细胞新生，并有效锁水。

112_ 依兰依兰精油眼膜

也可将玫瑰天竺葵精油换成依兰依兰精油，同样具镇静效果，并含润泽、抗皱成分，能预防肌肤老化松弛。

MEMO

适用肤质 中性、油性、干性、混合性

保存期限 放在冰箱中可放7天，未放冰箱为1～2天。

保存方法 置于避免阳光直射处，最好放在冰箱内冷藏，除有助于保存，同时冰过的眼膜对于浮肿的眼睛也有较好的舒缓效果。

使用方法
1. 将眼膜从冰箱中取出，从眼角向眼尾的方向，敷在眼袋上。
2. 停留3～5分钟后，即拿掉眼膜，并擦上适量的眼霜，让眼部肌肤得到滋润，避免产生皱纹。
3. 建议一周最多使用两次。另外，也不可敷过久甚至敷着眼膜睡觉，以免眼膜中的精华液全部挥发后带走肌肤中的水分，反而导致干燥。

贴心提醒
1. 此两款眼膜调好眼膜液后可先在手背上试试质地，如觉太稠就加水，太稀就再加一点凝胶。眼膜液也可倒在面膜纸上，即可作为面膜使用。
2. 自制眼膜如果发现上面有悬浮物，表示有可能发霉，就不要再用了。

脸蛋清洁保养做好了，
其他地方也要照顾得美美的，
头发、手、脚、身体……
全方位面面俱到的呵护，
是女人宠爱自己的表现。

PART 4 自己做！超好用的｛身体保养用品｝48款

——沐浴、美发、纤体、护肤，让全身都漂亮！

113_ 罗马洋甘菊抗敏洗发精
114...快乐鼠尾草精油洗发精
115...薄荷精油洗发精
116...花梨木精油洗发精
117_ 甜橙纾压洗发精
118...佛手柑精油洗发精
119...依兰依兰精油洗发精
120...澳大利亚尤加利精油洗发精
121_ 薰衣草纾压头皮按摩油
122...甜马郁兰精油头皮按摩油
123...薄荷精油头皮按摩油
124...大西洋雪松精油头皮按摩油
125...花梨木镇静头皮按摩油
126_ 迷迭香活化头皮按摩油
127...快乐鼠尾草精油头皮按摩油
128...佛手柑精油头皮按摩油
129...花梨木精油头皮按摩油
130_ 茶树抗痘沐浴乳
131...大西洋雪松精油沐浴乳
132...花梨木精油沐浴乳
133...薄荷精油沐浴乳
134_ 玫瑰天竺葵丝滑沐浴乳
135...依兰依兰精油沐浴乳
136...花梨木温和沐浴乳
137...乳香精油沐浴乳
138_ 葡萄柚玫瑰浴盐
139...花梨木精油浴盐
140...依兰依兰精油浴盐
141...苦橙叶精油浴盐
142_ 快乐鼠尾草足疗按摩盐
143...甜马郁兰精油足疗按摩盐
144...依兰依兰精油足疗按摩盐
145...绿花白千层精油足疗按摩盐
146_ 薄荷清爽护手霜
147...花梨木精油护手霜
148...绿花白千层精油护手霜
149_ 茶树抗菌护手霜
150...乳香精油护手霜
151...依兰依兰精油护手霜
152...花梨木温和护手霜
153_ 柠檬去角质指缘油
154...花梨木精油指缘油
155...乳香精油指缘油
156...薄荷精油指缘油
157_ 快乐鼠尾草滋润指缘油
158...薰衣草精油指缘油
159...佛手柑精油指缘油
160...橄榄油指缘油

113 罗马洋甘菊抗敏洗发精

抗菌止痒，镇静头皮

头皮干燥、敏感，易有发痒、脱屑的状况发生，在洗发精中加入具有镇静、抗发炎成分的罗马洋甘菊精油，能有效抗菌、止痒，并抑制感染，让头皮得到安抚与舒缓。

【工具】

100毫升量杯	1个
250毫升烧杯	1个
搅拌棒	1支
100毫升避光压头瓶	1个

【材料】

氨基酸起泡剂	20毫升	荷荷巴油（液态蜡）	10毫升
两性界面活性剂	15毫升	纯水	40毫升
椰子油增稠剂	10毫升	罗马洋甘菊精油	12滴
植物性甘油5滴（约5毫升）		薰衣草精油	8滴

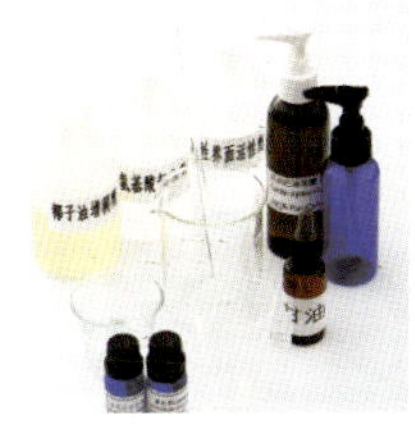

【做法】

1 以量杯分别量取氨基酸起泡剂、两性界面活性剂，倒入烧杯内。

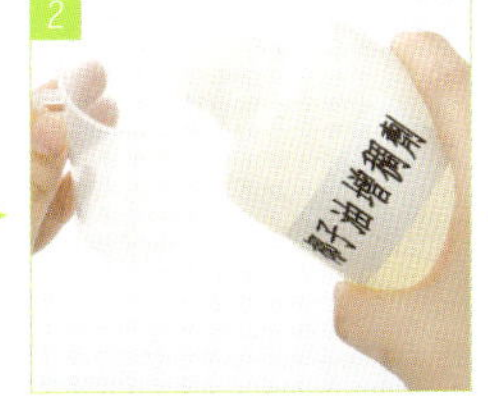

2 再量取椰子油增稠剂10毫升，同样倒入烧杯。

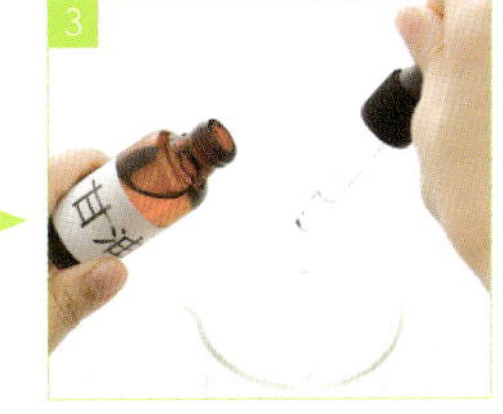

3 滴入植物性甘油5滴。

4 再量取荷荷巴油10毫升，倒入烧杯。

5 加入纯水后，用搅拌棒将所有材料搅拌均匀。

6 再滴入罗马洋甘菊精油12滴、薰衣草精油8滴，即完成洗发精。

7 将洗发精倒入避光瓶中，并盖上瓶盖拧紧，再以“前后搓滚”的方式摇匀即可。

【延伸应用】

114_ 快乐鼠尾草精油洗发精
可将罗马洋甘菊精油换成快乐鼠尾草精油，它能减少皮脂分泌，并且减少头皮屑的产生。

115_ 薄荷精油洗发精
如想加强止痒功效，可将薰衣草精油换成薄荷精油，它除了具有清凉效果，还能清洁头皮，避免毛囊阻塞。

116_ 花梨木精油洗发精
针对较为敏感的头皮，可将薰衣草精油换成花梨木精油，它具有温和不刺激的特性，而且同样具有消毒、杀菌的功效。

MEMO

- **适用肤质** 中性、干性、混合性、敏感性
- **保存期限** 30天
- **保存方法** 需放置于阴凉处，并且避免阳光直射。
- **使用方法** ①以温水湿润头发。②取适量洗发精于手掌，加水搓揉起泡后，以指腹按摩、清洁头发及头皮。③去除泡沫后，重复上述动作并冲水。
- **贴心提醒** 如果不习惯或不喜欢浓稠的洗发精，可不加（或酌量添加）椰子油增稠剂。

117 甜橙纾压洗发精

温和镇定，舒缓紧绷

香气清新的甜橙精油具有温和的镇定作用，并具有杀菌效果，加入洗发精中，能调理头皮，刺激健康的细胞再生，在清洁之余达到放松、纾压的功效，让头皮也能轻轻松松享受一场SPA！

【工具】

100毫升量杯	1个	电子秤	1个
250毫升烧杯	1个	搅拌棒	1支
量匙	1支	100毫升避光	
玻璃碟	2个	压头瓶	1个

【材料】

弱酸性起泡剂	20毫升	纯水	50毫升
两性界面活性剂	15毫升	甜橙精油	9滴
盐	5克	薰衣草精油	6滴
植物性甘油5滴（约5毫升）		薄荷精油	5滴
荷荷巴油（液态蜡）10毫升			

【做法】

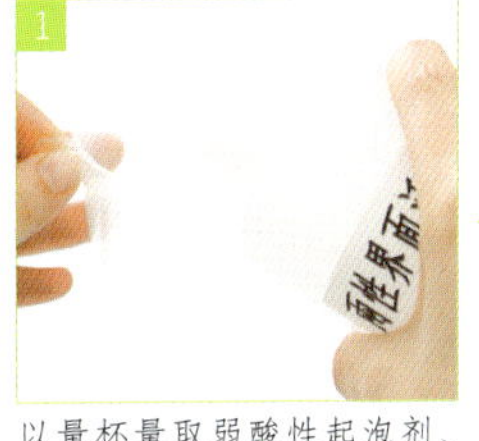

1 以量杯量取弱酸性起泡剂、两性界面活性剂，倒入烧杯内备用。

2 再以量匙挖盐，置入玻璃碟后，放在电子秤上，正确量取所需的5克，并倒入烧杯。

3 滴入植物性甘油5滴。

4 再以量杯量取荷荷巴油10毫升倒入烧杯。

5 加入纯水后，用搅拌棒将所有材料搅拌均匀。

6 再滴入甜橙精油9滴、薰衣草精油6滴、薄荷精油5滴，即完成洗发精。

7 将洗发精倒入避光瓶中，并盖上瓶盖拧紧，再以“前后搓滚”的方式摇匀即可。

【延伸应用】

118 佛手柑精油洗发精

若头皮发炎，可将甜橙精油换成佛手柑精油，它的抑菌效果佳，并能保护头皮。

119 依兰依兰精油洗发精

如果喜欢花香调，可将薰衣草精油换成依兰依兰精油，它不但香气醇厚，而且具有平衡油脂的功能，无论干性或油性头皮都适用。

120 澳大利亚尤加利精油洗发精

如果不喜欢薄荷的味道，可用澳大利亚尤加利精油取代，它同样具有极好的杀菌功效，可维持头皮清新。

MEMO

- 适用肤质：中性、油性、混合性
- 保存期限：30天
- 保存方法：需放置干阴凉处，并且避免阳光直射。
- 使用方法：
  1. 以温水湿润头发。
  2. 取适量洗发精于手掌，加水搓揉起泡后，以指腹按摩、清洁头发及头皮。
  3. 去除泡沫后，重复上述动作并冲水。
- 贴心提醒：
  1. 配方中的盐分是为了增加稠度，正常量为5～10克，太多或太少都有可能使洗发精不够浓稠。
  2. 此两款自制洗发精静置后，若有分离成两层的现象为正常，只要摇匀再用即可。

121 薰衣草纾压头皮按摩油

促进血脉通畅，缓和安抚镇定

薰衣草精油的用途极广，更是最好的按摩油成分之一。它能舒缓肌肉疼痛，消除充血肿胀，用于头皮按摩，更能有效刺激穴道、带动血脉通畅的作用，能让压力充分获得释放，达到镇定安抚的目的。

【工具】30毫升避光短压头瓶 1个

【材料】

薰衣草精油	3滴
葡萄柚精油	2滴
罗马洋甘菊精油	1滴
荷荷巴油（液态蜡）	30毫升

【做法】

1 将避光短压头瓶洗净、擦干。

2 于瓶中滴入薰衣草精油3滴、葡萄柚精油2滴、罗马洋甘菊精油1滴。

3 再倒入荷荷巴油，直至瓶子装满即可。

4 盖上瓶盖拧紧，以“前后搓滚”的方式摇匀，即完成头皮按摩油。

【延伸应用】

122_ 甜马郁兰精油头皮按摩油

如想加强放松效果，可将葡萄柚精油换成甜马郁兰精油，它具有扩张血管、促进血液循环的功效，并能带动排除有毒废物。

123_ 薄荷精油头皮按摩油

也可将葡萄柚精油换成薄荷精油，它独特的清凉成分有助振奋精神，缓解脑压。

124_ 大西洋雪松精油头皮按摩油

若较喜欢树木森林的味道，可将罗马洋甘菊精油换成大西洋雪松精油，它的气味较阳刚，而且具有调合及振奋神经的功效，可减少压力和紧张，并可以有效减少头皮屑。

125_ 花梨木镇静头皮按摩油

如因压力太大造成头痛，可将罗马洋甘菊精油换成花梨木精油，它是温和的止痛剂，亦能有效消除头痛，并可镇静神经，使头脑清醒。

MEMO

适用肤质 所有肤质均适用

保存期限 45天

保存方法 放置于干燥无阳光直射处，用完后记得拧紧瓶盖。

使用方法
1 压出约1元硬币大小的按摩油于手心，并稍加搓热，使易吸收。
2 以双手指腹从头顶到前额，再从头顶往两侧的方向进行轻压按摩。
3 最后从头顶往后脑，由上往下再按一按。
4 完成后，以温水及洗发精将按摩油洗净即可。

126 迷迭香活化头皮按摩油

激活毛囊细胞，维护健康发丝

迷迭香是最早被用于医药的植物之一，除了具有良好的杀菌及止痛效果，也常被用来保养皮肤及头发。用于头皮按摩，更可达到刺激毛囊活化，促进发色光亮，减少发丝掉落的功效。

【工具】 30毫升避光短压头瓶 1个

【材料】

迷迭香精油	3滴
甜橙精油	2滴
薰衣草精油	1滴
荷荷巴油（液态蜡）	30毫升

【做法】

1 将避光短压头瓶洗净、擦干。

2 往瓶中滴入迷迭香精油3滴、甜橙精油2滴、薰衣草精油1滴。

3 再倒入荷荷巴油，直至瓶子装满即可。

4 盖上瓶盖拧紧，以"前后搓滚"的方式摇匀，即完成头皮按摩油。

【延伸应用】

127_ 快乐鼠尾草精油头皮按摩油

若头皮容易出油，可将甜橙精油换成快乐鼠尾草精油，它对减少头皮部位的皮脂分泌特别有效，并可改善头皮屑的问题。

128_ 佛手柑精油头皮按摩油

也可将甜橙精油换成佛手柑精油，它除了具有极好的抑菌效果，防止头皮感染外，还能缓解精神紧张。

129_ 花梨木精油头皮按摩油

若头皮较敏感，可将薰衣草精油换成花梨木精油，它具有温和、不刺激的特性，并具消毒、杀菌的功能，任何肤质都适用。

MEMO

适用肤质 中性、混合性、干性

保存期限 45天

保存方法 放置于干燥无阳光直射处，用完后记得拧紧瓶盖。

使用方法
1 压出1元硬币大小的按摩油于手心，并稍加搓热，使其易吸收。
2 以双手指腹从头顶到前额，再从头顶往两侧的方向进行轻压按摩。
3 最后从头顶往后脑，由上往下再按一按。
4 完成后，以温水及洗发精将按摩油洗净即可。

贴心提醒 使用此两款头皮按摩油按摩时，也可搭配头皮按摩器或牛角梳进行，如果想增强精油渗透效果，可于按摩动作后以毛巾包裹整个头部，并用吹风机稍微加热1～2分钟后，冲掉按摩油。

130 茶树抗痘沐浴乳

天然抗菌消炎，去除背部痘痘

背部油脂分泌旺盛，容易有长痘痘的困扰，在沐浴用品中加入含天然抗菌成分的茶树精油，能有效抑制感染、舒缓毛孔发炎状况，让背部痘痘不再恶化！

【工具】

100毫升量杯	1个	电子秤	1个
250毫升烧杯	1个	搅拌棒	1支
玻璃碟	2个	100毫升避光	
量匙	1支	压头瓶	1个

【材料】

弱酸性起泡剂	30毫升	纯水	50毫升
盐	5克	茶树精油	12滴
植物性甘油	5滴（约5毫升）	薰衣草精油	10滴
荷荷巴油（液态蜡）	10毫升	柠檬精油	8滴
葵花子油	5毫升		

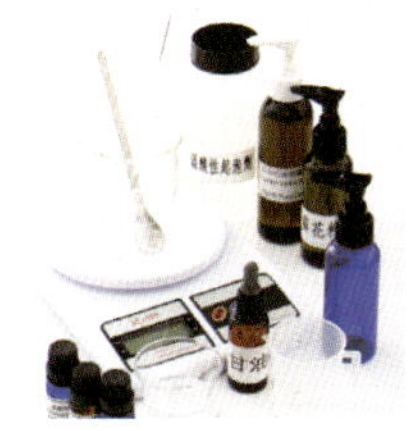

【做法】

1 以量杯量取弱酸性起泡剂，倒入烧杯中备用。

2 用量匙挖取盐盛入玻璃碟中，并放在电子秤上量取所需的5克后，同样倒入烧杯。

3 滴入植物性甘油5滴。

4 再以量杯量取荷荷巴油10毫升、葵花子油5毫升，倒入烧杯后，以搅拌棒搅拌均匀。

5 加入纯水，再次搅拌。

6 再滴入茶树精油、薰衣草精油、柠檬精油，搅拌后，即完成沐浴乳。

7 将沐浴乳倒入避光瓶，并盖上瓶盖拧紧，再以“前后搓滚”的方式摇匀即可。

【延伸应用】

131 大西洋雪松精油沐浴乳

可将茶树精油换成具有树林气味的大西洋雪松精油，它具有绝好的收敛效果，并且有调理油脂的作用。

132 花梨木精油沐浴乳

如想增强免疫力的功效，可将薰衣草精油换成花梨木精油，它还能促进细胞再生，并可淡化痘疤。

133 薄荷精油沐浴乳

如果喜欢清凉的感觉，可将柠檬精油换成薄荷精油，它也可清洁，有助清除毛孔阻塞。

MEMO

适用肤质 中性、油性、混合性

保存期限 30天

保存方法 放置于阴凉处，并避免阳光直射。

使用方法 ① 取适量沐浴乳，置于手掌或沐浴球。
② 加水稍加搓揉，待沐浴乳起泡后，再用于身体进行清洁。

贴心提醒 配方中的盐是为了增加稠度，如果不习惯或不喜欢沐浴乳太浓稠，可不添加或酌量添加。

134 玫瑰天竺葵丝滑沐浴乳

平衡皮脂分泌，温和清洁润泽

玫瑰天竺葵精油气味清香，具有杀菌、收敛的功效，能刺激淋巴系统作用，平衡油脂分泌，用于沐浴乳中，不但能有效清洁、抗菌，还能达到滋润、保养的功效，任何类型的肌肤都适用。

【工具】

100毫升量杯	1个	搅拌棒	1支
250毫升烧杯	1个	100毫升避光	
3毫升空针筒	1支	压头瓶	1个

【材料】

氨基酸起泡剂	30毫升	纯水	50毫升
椰子油增稠剂	8毫升	玫瑰天竺葵精油	12滴
植物性甘油5滴（约5毫升）		薰衣草精油	10滴
荷荷巴油（液态蜡）	10毫升	甜橙精油	8滴

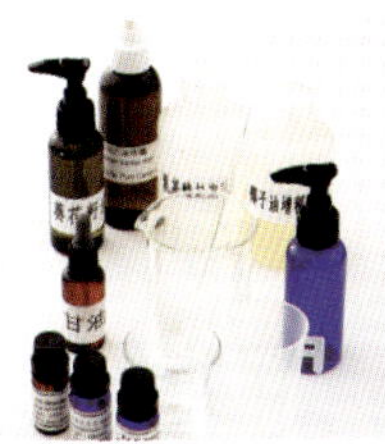

【做法】

1 以量杯量取氨基酸起泡剂，倒入烧杯内备用。

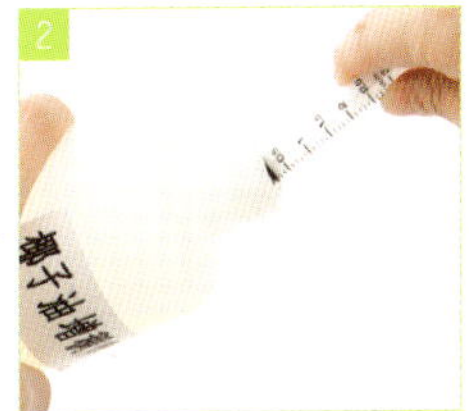

2 再用空针筒抽取椰子油增稠剂，滴入烧杯内。

3 滴入植物性甘油5滴。

4 再以量杯量取荷荷巴油10毫升，倒入烧杯后，用搅拌棒将所有材料充分搅匀。

5 加入纯水50毫升后，再次搅拌。

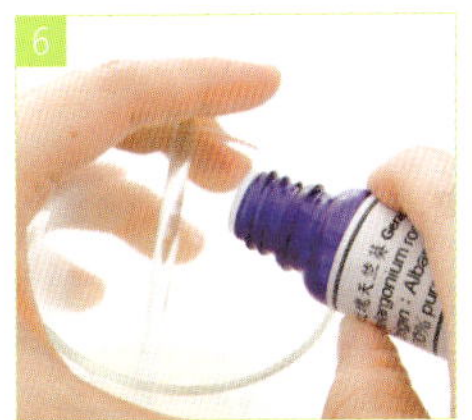
6 再滴入玫瑰天竺葵精油、薰衣草精油、甜橙精油，搅拌均匀后，即完成沐浴乳。

7 将沐浴乳倒入避光瓶，并盖上瓶盖拧紧，再以“前后搓滚”的方式摇匀即可。

【延伸应用】

135 依兰依兰精油沐浴乳

可将玫瑰天竺葵精油换成依兰依兰精油，它具有温和的调节作用，能促进皮脂分泌平衡。

136 花梨木温和沐浴乳

针对敏感性肌肤，可将薰衣草精油换成花梨木精油，它无毒，无刺激性，并具消毒、杀菌的清洁功效。

137 乳香精油沐浴乳

针对熟龄肌肤，可将甜橙精油换成乳香精油，它能改善皮肤松弛、促进弹性恢复，特别适用于老化的皮肤。

MEMO

- **适用肤质** 中性、油性、混合性、敏感性
- **保存期限** 30天
- **保存方法** 放置于阴凉处，并避免阳光直射。
- **使用方法** ① 取适量沐浴乳，置于手掌或沐浴球。② 加水稍加搓揉，待沐浴乳起泡后，再用于身体进行清洁。
- **贴心提醒** ① 如果不习惯或不喜欢沐浴乳太浓稠，可不加（或酌量添加）椰子油增稠剂。② 自制沐浴乳静置一会儿后，如有分离成两层的现象为正常，只要摇匀再用即可。

138 葡萄柚玫瑰浴盐

排毒兼净化，泡出嫩滑肌

葡萄柚精油能刺激淋巴系统排毒，玫瑰盐则具有消毒及净化的功能，使用这款浴盐泡澡，可促进新陈代谢，排除乳酸，并减缓肌肉僵硬酸痛。此外，它还有调理皮脂分泌的功能，能让全身肌肤滑嫩，维持最佳活力状态。

【工具】

工具	数量
搅拌匙	1支
玻璃碟	1个
电子秤	1个
250毫升烧杯	1个
100克密封罐	1个

【材料】

材料	用量
玫瑰盐	100克
葡萄柚精油	10滴
玫瑰天竺葵精油	6滴
薰衣草精油	4滴

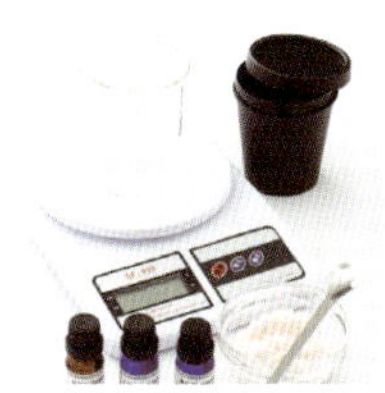

【做法】

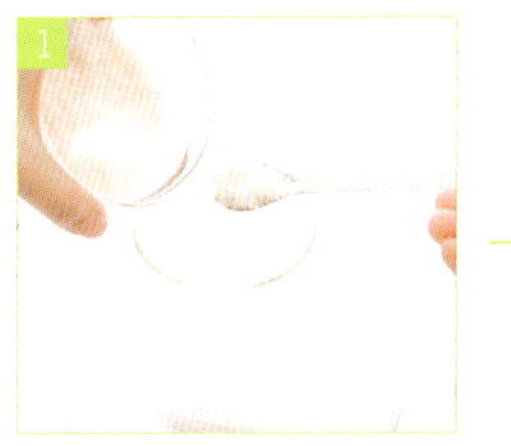

1 以搅拌匙挖取玫瑰盐放入玻璃碟中，再置于电子秤上，正确量取所需的100克后，倒入烧杯。

2 再滴入葡萄柚精油10滴、玫瑰天竺葵精油6滴、薰衣草精油4滴。

3 将烧杯内所有材料搅拌均匀，即完成浴盐。

4 将浴盐装入密封罐中。

【延伸应用】

139_ 花梨木精油浴盐

如有感冒症状，可将玫瑰天竺葵精油换成花梨木精油，它能激励免疫系统运作，并具温和止痛功能，可舒缓疲倦、头痛等症状。

140_ 依兰依兰精油浴盐

也可将玫瑰天竺葵精油换成依兰依兰精油，它的香气能镇定情绪，加强泡澡时的纾压功效。

141_ 苦橙叶精油浴盐

若身体部位易生痤疮，可将薰衣草精油换成苦橙叶精油，它能减少皮脂分泌量，并可温和杀菌，最适合调理油性肌肤。

MEMO

适用肤质 中性、油性、干性、混合性

保存期限 60天

保存方法 放置于干燥无阳光直射处。

使用方法
1 浴缸中放水至八成满，加入浴盐约50克（注意水温不宜高过40℃，以免破坏皮脂）。
2 将身体洗净后，再坐入浴缸中泡澡3～5分钟，或至额头略微出汗，即可起身。
3 擦下身体后，用乳液涂抹全身进行保湿，并记得喝水，补充水分。

贴心提醒
1 若无浴缸，可采用足浴的方式代替泡澡，它能刺激脚部经络，带动全身血液循环。
2 进行足浴前，宜先洗净双脚；再取一脸盆倒入热水八分满，并加入20克浴盐。
3 泡脚时间5～10分钟，水温不宜过低，以个人能承受的热度为限。

142 快乐鼠尾草足疗按摩盐

活化足部经络，消除水肿与厚趼

双脚承受全身压力，终日行走摩擦，容易浮肿、长趼；而"按摩"能刺激穴道带动经络通畅，再加入具放松肌肉效果的快乐鼠尾草精油，以及可去角质的天然盐，更能达到加强纾压、润泽肌肤的功效。

【工具】

250毫升烧杯	1个	量匙	1支
3毫升空针筒	1支	电子秤	1个
搅拌棒	1支	100克密封罐	1个
玻璃碟	2个		

【材料】

橄榄油	50毫升	快乐鼠尾草精油	8滴
荷荷巴油（液态蜡）	25毫升	柠檬精油	7滴
		茶树精油	5滴
Tween#20乳化剂	5毫升	天然盐	60克

【做法】

1 在烧杯内放入橄榄油50毫升、荷荷巴油25毫升。

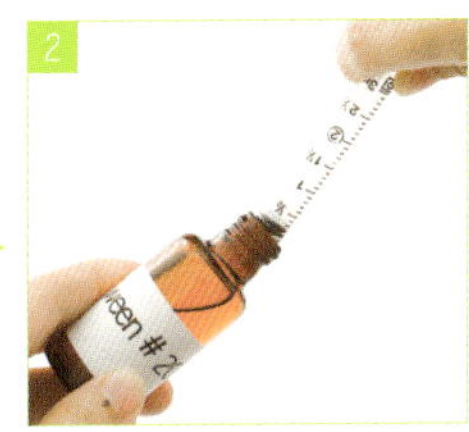

2 抽取Tween#20乳化剂5毫升。

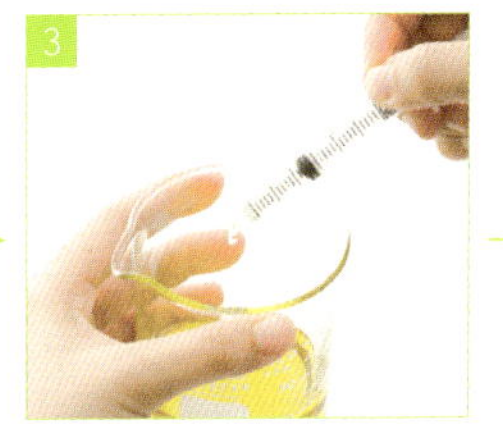

3 将Tween#20乳化剂注入烧杯中。

4 以搅拌棒将所有材料搅拌均匀。

5 再滴入快乐鼠尾草精油8滴、柠檬精油7滴、茶树精油5滴备用。

6 将天然盐倒入玻璃碟，并置于电子秤上量取所需的60克。

7 将量好的天然盐倒入烧杯，充分搅拌后，即完成足疗按摩盐。

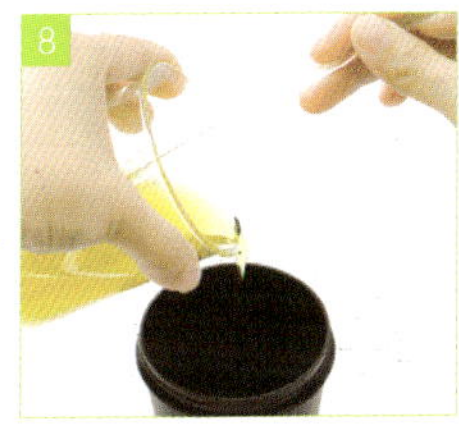

8 将成品倒入密封罐中，盖上盖子封存即可。

【延伸应用】

143 甜马郁兰精油足疗按摩盐

可将快乐鼠尾草精油换成甜马郁兰精油，除同样具有放松功效，还能促进血液循环、加强足部废物代谢。

144 依兰依兰精油足疗按摩盐

若喜欢浓郁花香气息，可将茶树精油换成依兰依兰精油，更能镇定舒缓，平衡内分泌。

145 绿花白千层精油足疗按摩盐

如果脚部有小伤口，可将茶树精油换成绿花白千层精油，它不刺激，又具有良好的杀菌效果，还能促进组织生长，有助皮肤愈合。

MEMO

适用肤质：中性、油性、干性、混合性

保存期限：60天

保存方法：放置于干燥无阳光直射处。

使用方法：
1. 洗净双脚，稍加擦干后，取足疗按摩盐约1元硬币大小的分量。
2. 于脚背、脚跟、脚底轻轻按摩搓揉，约3分钟后再用清水冲净。
3. 也可直接泡脚进行足浴。

146 薄荷清爽护手霜

清新滋养，温和润泽

护手霜能形成一层保护膜，避免手部肌肤老化。这款护手霜除以具有滋润作用的苦茶油为基底，并加入薄荷精油，它独特的清凉效果能降低温感，温和抑菌，在润泽双手的同时，还能享有清新舒爽的感受。

【工具】

3毫升空针筒	1支
150毫升烧杯	1个
搅拌棒	1支
50毫升烧杯	1个
30克面霜盒	1个

【材料】

苦茶油	3毫升
简易乳化剂	0.5毫升
纯水	30毫升
薄荷精油	7滴
葡萄柚精油	6滴
甜橙精油	5滴

【做法】

1 以针筒抽取苦茶油3毫升，置于150毫升烧杯内。

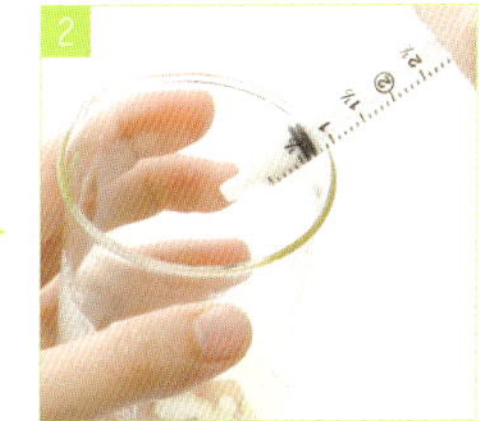

2 再用空针筒抽取简易乳化剂0.5毫升，注入烧杯，以搅拌棒充分拌匀。

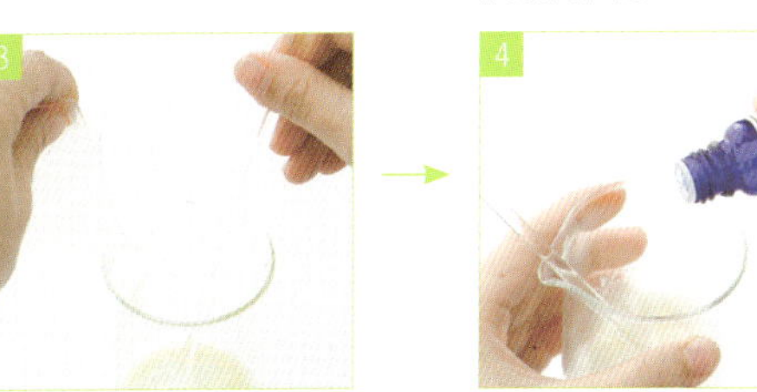

3 用50毫升烧杯量取纯水，分次慢慢加入上述油料中，再加以搅拌。

4 滴入薄荷精油、葡萄柚精油、甜橙精油。

5 将烧杯内所有材料搅拌均匀，即完成护手霜。

6 将成品倒入面霜盒后，盖上盖子存放即可。

【延伸应用】

147_ 花梨木精油护手霜

针对熟龄肌肤，可将葡萄柚精油换成花梨木精油，它具有温和、不刺激的特性，并能促进细胞再生。

148_ 绿花白千层精油护手霜

若想淡化苦茶油的特殊气味，可将甜橙精油换成绿花白千层精油，它具有强烈、温热、类似樟脑的气味，而且具有保护皮肤、避免刺激的功效。

MEMO

适用肤质　中性、油性、混合性

保存期限　30天

保存方法　放置于干燥无阳光直射处，每次用完后记得拧紧盖子。

使用方法
1. 取适量护手霜于掌心。
2. 两手稍加搓揉、加温，使之较容易吸收。
3. 再抹于手掌、手背、手指，并轻轻按摩即可。

贴心提醒
1. 如果觉得不够滋润，可将苦茶底油的剂量提高至3.5毫升。
2. 若无法接受苦茶油的味道，也可改用葵花子油或葡萄籽油替代。

149 茶树抗菌护手霜

预防感染，健康疗愈

在护手霜中加入具有抗菌成分的茶树精油，不仅能预防细菌感染，还能促进健康细胞再生，消除伤口恢复期容易形成的肉赘或肉疣，让双手自然疗愈，恢复平滑柔嫩。

【工具】

3毫升空针筒 1支
150毫升烧杯 1个
搅拌棒 1支
50毫升烧杯 1个
30克面霜盒 1个

【材料】

小麦胚芽油 1.5毫升
简易乳化剂 0.5毫升
纯水 30毫升
茶树精油 7滴
薰衣草精油 6滴
罗马洋甘菊精油 5滴
凡士林 少许（约1克）

【做法】

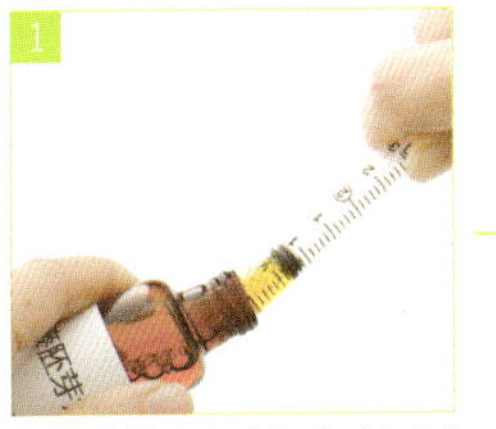

1 以针筒抽取小麦胚芽油1.5毫升。

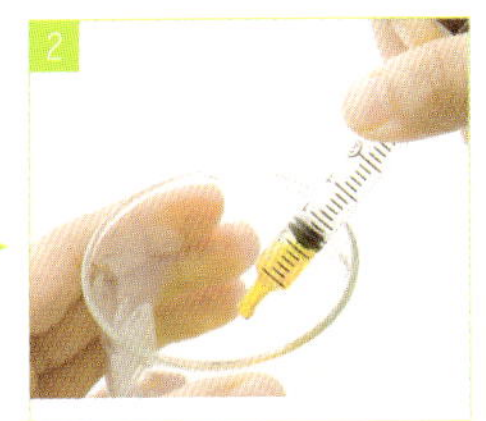

2 将小麦胚芽油注入150毫升的烧杯内。

3 再抽取简易乳化剂0.5毫升，同样注入烧杯。

4 以搅拌棒将杯内的混合物充分搅匀，使其呈混浊状。

5 再用50毫升的烧杯量取纯水，分次慢慢倒入上述混合物中，并用搅拌棒加以搅拌。

6 加入茶树精油7滴、薰衣草精油6滴、罗马洋甘菊精油5滴，搅拌均匀。

7 再挖取少许凡士林，加入烧杯中。

8 将烧杯内所有材料搅拌均匀，即完成护手霜，装入面霜盒存放即可。

【延伸应用】

150 乳香精油护手霜
针对老化肌肤，可将薰衣草精油换成乳香精油，它有非常纤细的调理功能，可帮助皮肤恢复弹性，抚平手部细纹。

151 依兰依兰精油护手霜
若手部有过干或过油的问题，可将罗马洋甘菊精油换成依兰依兰精油，它能有效平衡油脂分泌，并具保湿功效。

152 花梨木温和护手霜
敏感性肌肤可将罗马洋甘菊精油换成花梨木精油，它温和不刺激，并可促进细胞再生。

MEMO

适用肤质 中性、干性、敏感性
保存期限 30天
保存方法 放置于干燥无阳光直射处，用完后记得拧紧瓶盖。
使用方法 ❶ 取适量护手霜于掌心。
❷ 两手稍加搓揉、加温，使之较容易吸收。
❸ 再抹于手掌、手背、手指，并轻轻按摩即可。
贴心提醒 ❶ 若还是觉得不够滋润，可将小麦胚芽油增至1.8毫升或将凡士林增至约1.2克。
❷ 若没有小麦胚芽油，也可用橄榄油或荷荷巴油替代。

指缘油

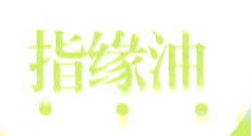

153 柠檬去角质指缘油

软化硬皮，润滑美白

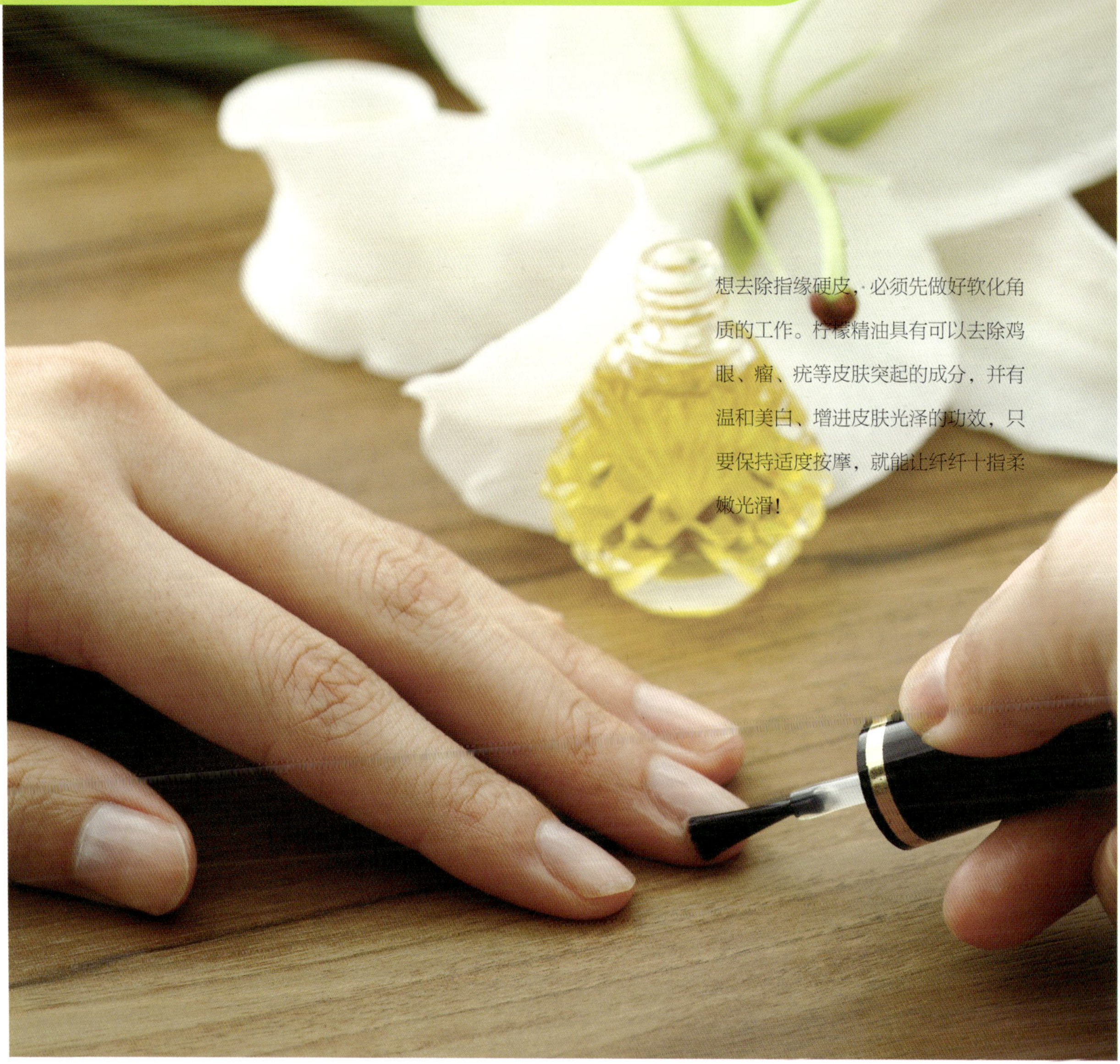

想去除指缘硬皮，必须先做好软化角质的工作。柠檬精油具有可以去除鸡眼、瘤、疣等皮肤突起的成分，并有温和美白、增进皮肤光泽的功效，只要保持适度按摩，就能让纤纤十指柔嫩光滑！

【工具】
5毫升指甲油瓶 1个
100毫升量杯 1个

【材料】
柠檬精油 2滴
罗马洋甘菊精油 1滴
荷荷巴油（液态蜡） 5毫升

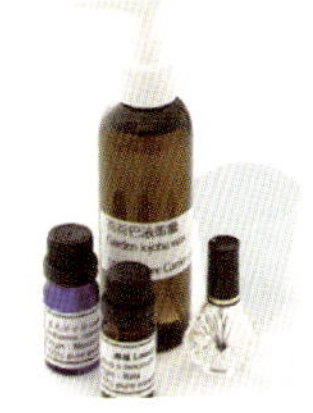

【做法】

1 将指甲油瓶洗净擦干。

2 在瓶中滴入柠檬精油、罗马洋甘菊精油。

3 再倒入荷荷巴油，直至瓶子装满即可。

4 盖上瓶盖拧紧后，以“前后搓滚”的方式摇匀，即完成指缘油。

【延伸应用】

154 花梨木精油指缘油
如果指缘、指节的皮肤细纹较多，可将罗马洋甘菊精油换成花梨木精油，它能促进细胞再生，并可适度减轻皱纹。

155 乳香精油指缘油
针对手部肌肤老化的状况，可将罗马洋甘菊精油换成乳香精油，它具有保湿并调理肌肤的功能，可帮助恢复肌肤弹性。

156 薄荷精油指缘油
若指甲缝有皲裂的现象，可将罗马洋甘菊精油换成薄荷精油，它可缓解发炎，并有止痛、镇定的功效。

MEMO

适用肤质 所有肤质均适用

保存期限 约45天

保存方法 放置于干燥无阳光直射处，用完后记得拧紧瓶盖。

使用方法
1 洗净双手，并稍加擦干。
2 以指甲油瓶盖的软毛刷蘸取适量的指缘油，均匀涂抹在指甲边缘的皮肤上。
3 用手轻轻按摩指缘，直至油脂被完全吸收即可。

贴心提醒
1 若指缘已有干燥、受损的情况，最好少用化学性清洁剂洗手，避免手部再次受到刺激。
2 这款指缘油可用于随时保养。若于晚上睡前使用，可于涂抹后戴上纯棉手套睡觉，效果更佳。

157 快乐鼠尾草滋润指缘油

充分滋养润泽，减缓干皱粗糙

手部皮肤保湿不够，容易连带使得指缘呈现干燥、粗糙的状况，在按摩油中加入快乐鼠尾草精油，能有效润泽肌肤，并促进细胞再生，让干涩、脱皮的手指恢复柔嫩细致。

【工具】

5毫升指甲油瓶	1个
3毫升空针筒	1支

【材料】

快乐鼠尾草精油	2滴
甜橙精油	1滴
荷荷巴油（液态蜡）	4毫升
月见草油	1毫升

【做法】

将快乐鼠尾草精油2滴、甜橙精油1滴滴入清洁过的指甲油瓶中。

再以针筒抽取荷荷巴油4毫升、月见草油1毫升注入指甲油瓶。

装满后盖上瓶盖，并且拧紧。

双手夹住指甲油瓶身，以“前后搓滚”的方式摇匀，即完成指缘油。

【延伸应用】

158 薰衣草精油指缘油

若指甲缝周边已有皲裂、红肿的现象，可将快乐鼠尾草精油换成薰衣草精油，它能抑制细菌生长，避免发炎感染，并可激励细胞再生，淡化伤口疤痕。

159 佛手柑精油指缘油

如想加强保护效果，可将甜橙精油换成佛手柑精油，它具有抑菌成分，并能帮助伤口愈合。

160 橄榄油指缘油

若家中有现成的优质橄榄油，可用来取代月见草油，它具有橄榄多酚，能保湿锁水，可有效滋润指缘皮肤。

MEMO

适用肤质　所有肤质均适用

保存期限　45天

保存方法　放置于干燥无阳光直射处，用完后记得拧紧瓶盖。

使用方法　① 双手洗净，并稍加擦干后，先用锉刀去除指缘硬皮。
② 再以指甲油瓶盖的软毛刷蘸取适量指缘油，均匀涂抹在指甲边缘的皮肤上。
③ 用手轻轻按摩指缘，直至油脂被完全吸收即可。

生活中难免会遇到身体出状况的情形，
这时使用按摩油搭配按摩手法，
便能改善症状，
减压放松的贴布与清凉止痒的药膏，
更是不可或缺的用品。

PART 5 自己做！超经典的｛纾压疗愈用品｝28款

——松筋、排毒、镇痛、止痒，让通体都舒畅！

161_ 薄荷肩颈按摩油
162…甜马郁兰排毒按摩油
163_ 薰衣草舒背按摩油
164…甜马郁兰舒缓按摩油
165…澳大利亚尤加利精油按摩油
166_ 葡萄柚紧腹按摩油
167…甜马郁兰精油按摩油
168…大西洋雪松精油按摩油
169_ 葡萄柚美腿按摩油
170…大西洋雪松代谢按摩油
171…绿花白千层精油按摩油
172_ 薰衣草蜂蜡药膏
173…薰衣草凡士林药膏
174…花梨木精油药膏
175…澳大利亚尤加利精油药膏
176…罗马洋甘菊花梨木药膏
177_ 薄荷清凉药膏
178…薰衣草精油药膏
179…苦橙叶精油药膏
180…乳香精油药膏
181_ 快乐鼠尾草镇痛贴布
182…甜马郁兰排毒贴布
183…澳大利亚尤加利精油贴布
184…苦橙叶精油贴布
185_ 迷迭香肌肉酸痛贴布
186…乳香精油贴布
187…甜马郁兰精油贴布
188…依兰依兰精油贴布

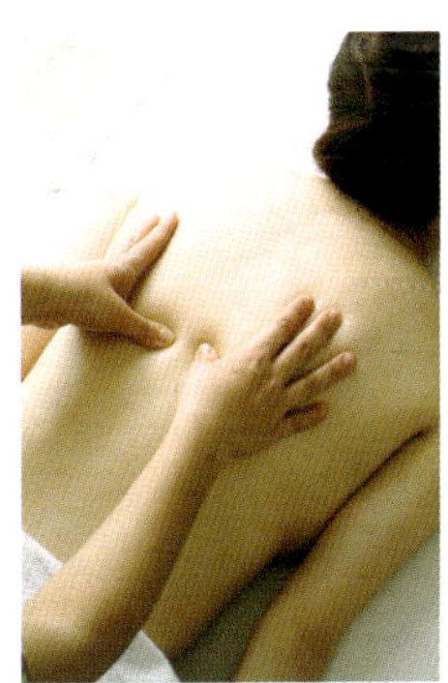

161 薄荷肩颈按摩油

舒缓紧绷，活化经络

长期姿势不良，压力过大，容易有肩颈酸痛的毛病。将具有止痛功效的薄荷精油加入按摩油中，能有效舒缓肌肉紧绷所带来的不适，并借由正确的按摩动作促进血液循环，让筋络舒展，肌肉放松。

【工具】

100毫升量杯	1个
30毫升避光短压头瓶	1个

【材料】

葡萄籽油	20毫升
荷荷巴油（液态蜡）	10毫升
薄荷精油	8滴
快乐鼠尾草精油	6滴
柠檬精油	4滴

【做法】

1 用量杯量取葡萄籽油20毫升、荷荷巴油10毫升，倒入避光短压头瓶中。

2 再滴入薄荷精油、快乐鼠尾草精油、柠檬精油，然后拧紧瓶盖，以“前后搓滚”的方式摇动瓶身，使之均匀。

【延伸应用】

162 甜马郁兰排毒按摩油

若因运动过度造成肩颈酸痛，可将快乐鼠尾草精油换成甜马郁兰精油，它能促使微血管扩张，带动有毒废物排除，有效舒缓强烈运动后所引起的肌肉疲倦、紧绷及疼痛。

MEMO

适用肤质 所有肤质均适用

保存期限 45天

保存方法 放置于干燥无阳光直射处，用完后记得拧紧瓶盖。

贴心提醒
1. 这款配方的浓度乃专为身体按摩所设计，切勿涂抹于脸上，以免造成过度刺激。
2. 若肩颈部位有扭伤或拉伤的状况，只要将按摩油涂抹上去即可，不要按摩，避免发炎。

【使用方法与肩颈按摩分解动作】

01 两肩涂抹按摩油

取1元硬币大小的按摩油于双手稍加搓热后，由颈椎中间往肩膀两侧，轻轻涂抹。

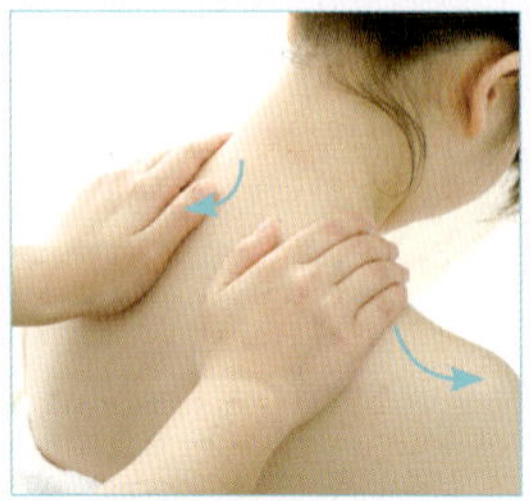

02 颈椎定点指压

两个大拇指沿着脊椎两侧骨节的位置，由上往下，由外往内定点按压画圈5次，至腋窝平行处止。

03 左手按右肩朝右按压

左手轻抓右肩，以手掌力量，从颈部沿着肩头方向，往右按压重复3次。

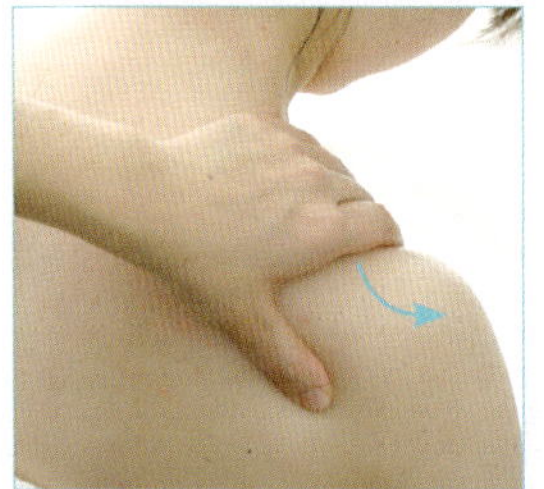

04 右手按右肩朝左按压

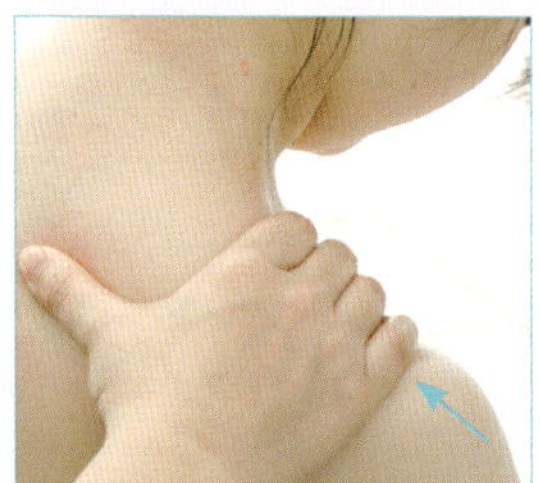

换右手，同样轻抓右肩，但从肩头往颈部方向，即往左按压，重复3次。完成后换左边肩膀。先用右手从颈部往肩头按压，再换左手从肩头往颈部按压，亦即重复步骤3与4。

05 肩胛按压

左手握拳，以指关节沿着左肩胛，从上往下，朝左外侧按压，重复3次。再换右手，以同样方式按压右肩胛。

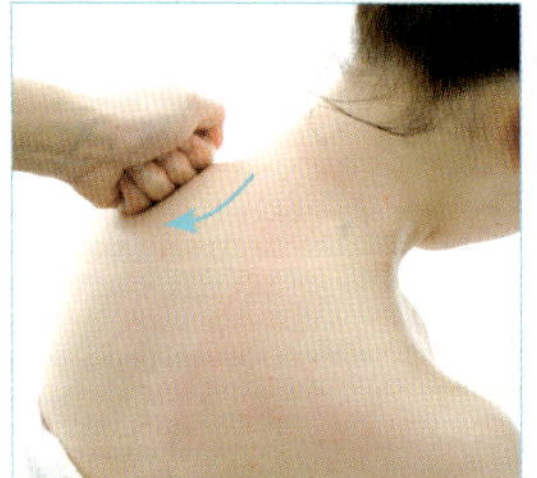

06 颈后侧顺下往前按压

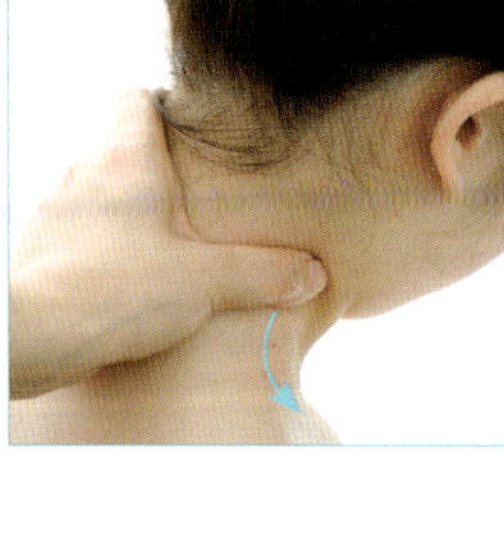

左手扣住后脑勺下方、颈后侧的部位，大拇指施力，沿右方颈前端往下、往前胸按压，重复3次。再换右手，按压颈左方。

07 松肌安抚

双手手掌搭肩，往两侧轻轻按压，使按摩后的肌肉得到放松。

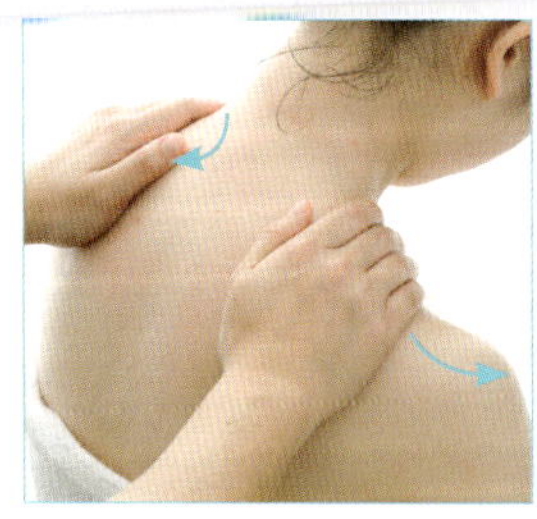

163 薰衣草舒背按摩油

放松肌肉，消炎止痛

久坐，上半身使用过度，睡不好，肌肉休息不足，都是造成背痛的常见原因。在按摩油中加入薰衣草精油，可镇定消炎，舒缓肌肉疼痛。此外，它独特的气味还能帮助睡眠，非常适合天天使用。

【工具】

100毫升量杯	1个
30毫升避光短压头瓶	1个

【材料】

葵花子油	15毫升
荷荷巴油（液态蜡）	10毫升
橄榄油	5毫升
薰衣草精油	8滴
玫瑰天竺葵精油	6滴
甜橙精油	4滴

【做法】

1

以量杯量取葵花子油15毫升、荷荷巴油10毫升与橄榄油5毫升，倒入避光短压头瓶中。

2

再滴入薰衣草精油、玫瑰天竺葵精油、甜橙精油，然后拧紧瓶盖，以“前后搓滚”方式摇动瓶身，使之均匀。

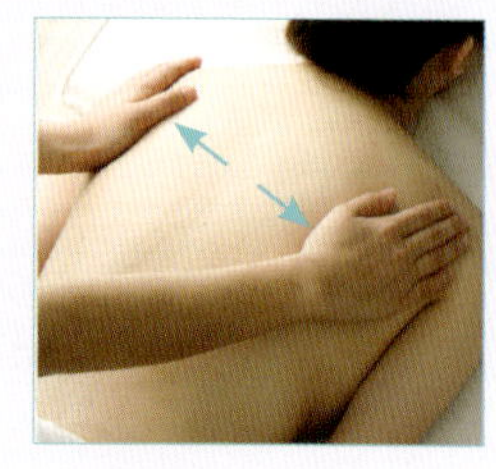

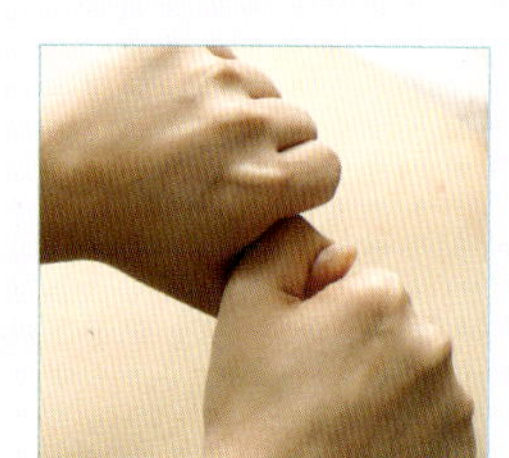

【延伸应用】

164 甜马郁兰舒缓按摩油

如想加强舒缓功效，可将玫瑰天竺葵精油换成甜马郁兰精油，它能扩张动脉，带动局部血液循环，有效减轻肌肉僵硬与疼痛。

165 澳大利亚尤加利精油按摩油

如想加强止痛效果，可将甜橙精油换成澳大利亚尤加利精油，它除具抗菌功能，还能够减轻筋膜、肌肉酸痛。

MEMO

适用肤质 所有肤质均适用

保存期限 45天

保存方法 放置于干燥无阳光直射处，用完后记得拧紧瓶盖。

贴心提醒 进行背部按摩前后，皆可用毛巾热敷，促进血液循环，效果更好。

【使用方法与舒背按摩分解动作】

01 涂抹按摩油

取适量按摩油，于掌心稍加搓热后，将手掌摊平、覆盖于上背，然后由下往上，再横向由内往外轻推，使油均匀附着于背部。

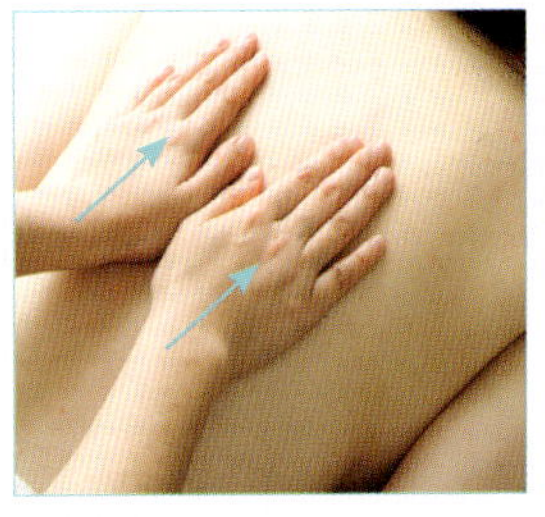

02 左手刀按压 右肩胛骨

用右手将被按者的右手肘往后轻拉，约呈90度，使右肩胛骨突出，再以左手刀沿右肩胛内侧弧度，从上往下按压，重复3次。

03 右手刀按压 左肩胛骨

用左手将被按者的左手肘往后轻拉，约呈90度，使左肩胛骨突出，再以右手刀沿左肩胛内侧弧度，从上往下按压，重复3次。

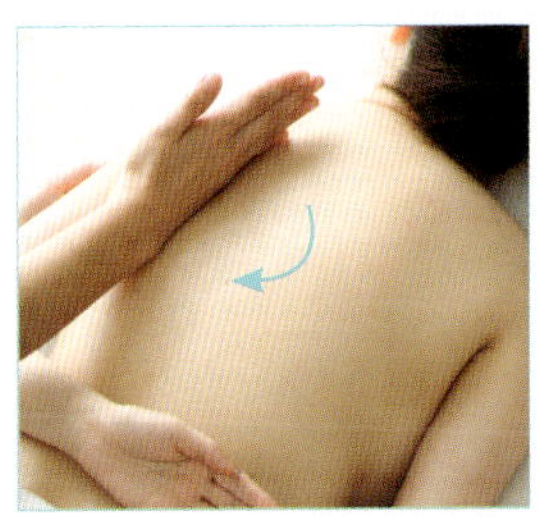

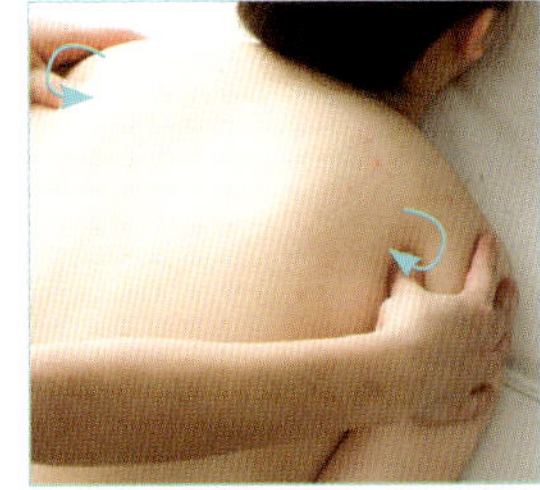

04 肩胛两侧定点按压

在两边肩胛上方外侧凹陷处，以两手大拇指定点按压，往内画圈5次。

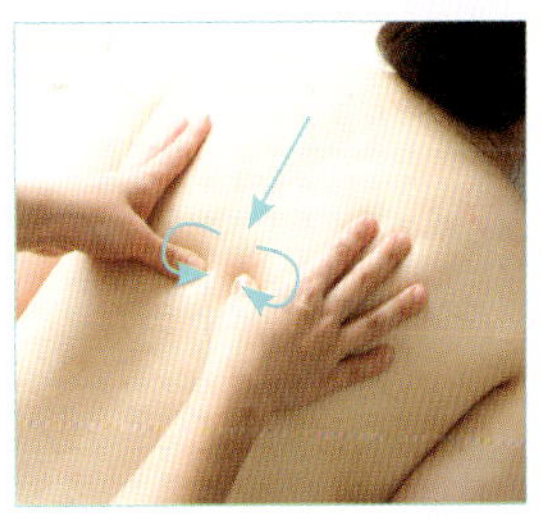

05 脊椎定点按压

两手大拇指沿脊椎两侧，由上往下至腰部，进行定点按压，往内画圈5次。

06 脊椎两侧按压

双手大拇指互钩，握拳，以指关节沿脊椎两侧，由上往下按压3次。

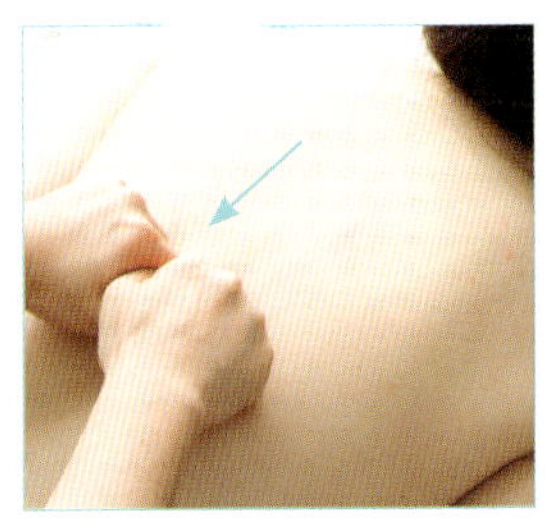

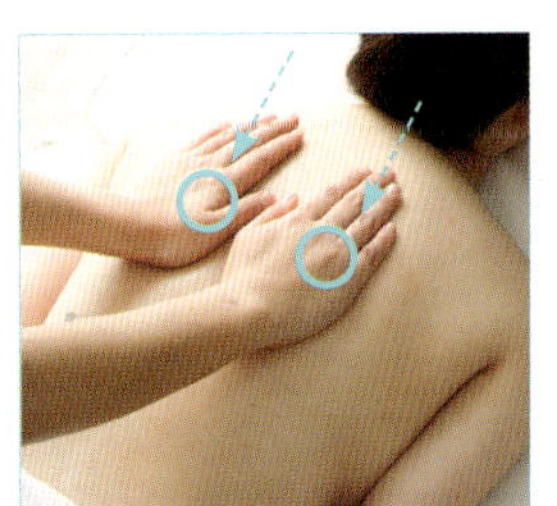

07 松肌安抚

双手手掌覆盖于背部，由上往下慢慢轻压，使按摩过后的肌肉得到放松。

166 葡萄柚紧腹按摩油

刺激代谢，促进排便

小腹变大，除了脂肪囤积，“宿便”也是常见主因。按摩不但能帮助肠道蠕动，促进排便，还能增进脂肪代谢的速率。若再加入具有排毒功效的葡萄柚精油，更可刺激淋巴系统运作，逐步改善令人困扰的小腹问题。

【工具】

100毫升量杯	1个
30毫升避光短压头瓶	1个

【材料】

葵花子油	15毫升
荷荷巴油（液态蜡）	10毫升
月见草油	5毫升
葡萄柚精油	8滴
玫瑰天竺葵精油	6滴
快乐鼠尾草精油	4滴

【做法】

1 以量杯量取葵花子油15毫升、荷荷巴油10毫升、月见草油5毫升，倒入避光短压头瓶。

2 再滴入葡萄柚精油、玫瑰天竺葵精油、快乐鼠尾草精油，然后拧紧瓶盖，以“前后搓滚”的方式摇动瓶身。

【延伸应用】

167 甜马郁兰精油按摩油

如想加强排毒效果，可将快乐鼠尾草精油换成甜马郁兰精油，它具有促进血液循环的功能，可带动排除有毒废物。

168 大西洋雪松精油按摩油

针对脂肪囤积型的小腹问题，可将快乐鼠尾草精油换成大西洋雪松精油，它具有可促进皮下油脂分解的成分，有助代谢多余脂肪。

MEMO

适用肤质　所有肤质均适用

保存期限　45天

保存方法　放置于干燥无阳光直射处，用完后记得拧紧瓶盖。

贴心提醒　如有不明腹痛，请勿按摩。

【使用方法与小腹按摩分解动作】

01 从右下腹部往上按压

取适量按摩油，于掌心稍加搓热后轻抹于腹部。然后右手握拳，让指关节对准盲肠部位（约在肚脐与右边骨盆连线中点处），并以左手抓住右手腕协助稳定后，开始施力由下往上按压，至肋骨下方。

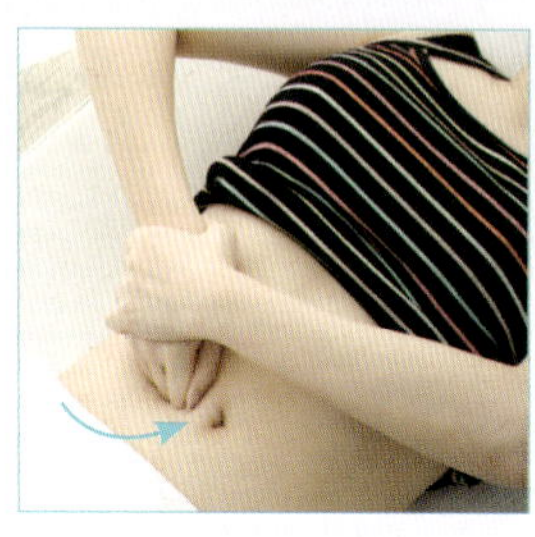

02 从右肋下方平行往左按压

再从右肋骨下方肌肉部位，以指关节平行往左腹按压。

03 从左肋下方垂直往下按压

承接上一个动作，从左肋骨下方肌肉部位，垂直往下按压至左下腹部位。

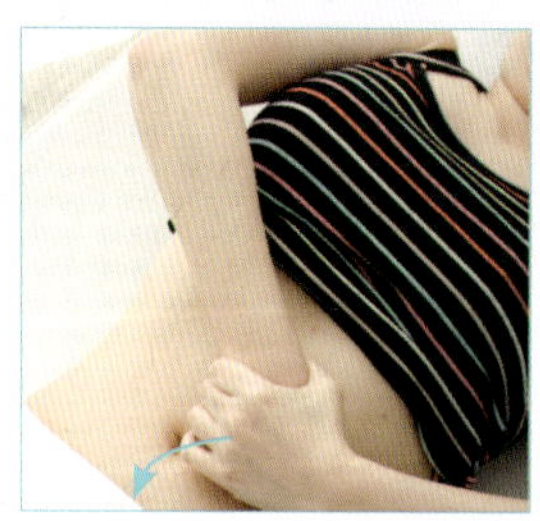

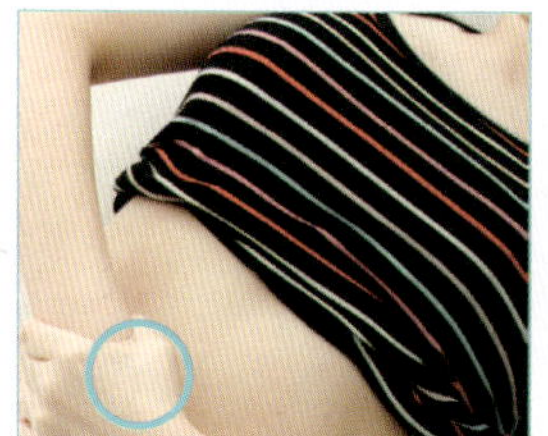

04 从左下腹部往右按压

再从左下腹往右按压，回到盲肠处，如此完成一个往返。

05 松肌安抚

重复3～5个往返后，双手手掌平贴腹部呈心形，由上往下轻抚，使腹肌充分放松即可。

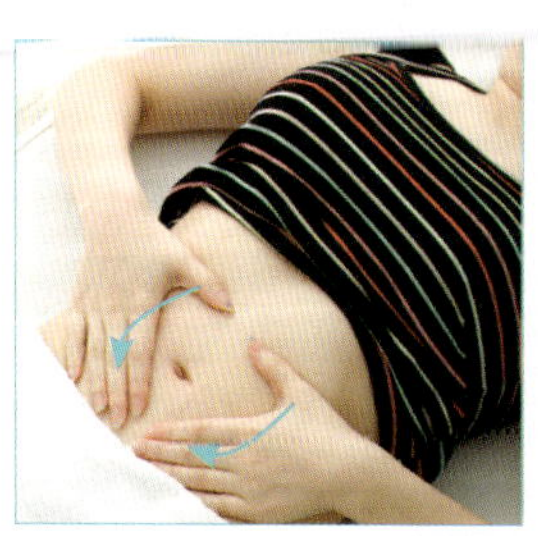

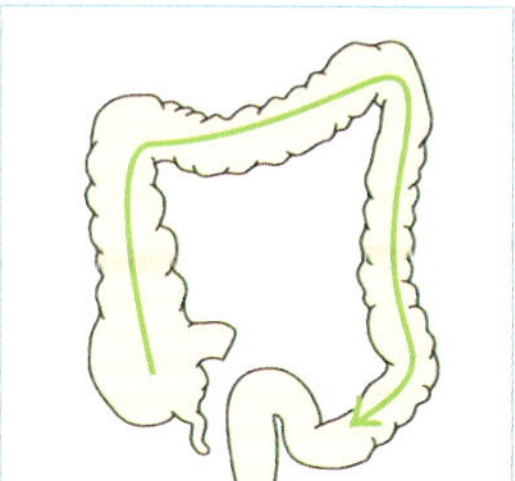

06 补充说明

此按摩手法是配合体内大肠走向，以环状方式进行按压，可促进肠道蠕动，排出宿便。随时可做，但请避免在进食后一小时内进行。方向不要推错，否则易将宿便推回。

169 葡萄柚美腿按摩油

促进大腿运动，改善橘皮组织

快速增肥或减肥，久坐不运动，或女性激素激增时，都有可能造成橘皮组织的生成，尤其是大腿、腰腹等部位，往往容易出现皮肤凹凸不平的状况。葡萄柚精油可治疗体液淤滞、排毒不良，用于按摩，将有助刺激淋巴循环，进而改善皮肤松弛、皱纹丛生的问题。

【工具】

100毫升量杯	1个
30毫升避光短压头瓶	1个

【材料】

葡萄籽油	20毫升
荷荷巴油（液态蜡）	10毫升
葡萄柚精油	8滴
玫瑰天竺葵精油	6滴
柠檬精油	4滴

【做法】

1

以量杯量取葡萄籽油20毫升、荷荷巴油10毫升，倒入避光短压头瓶。

↓

2

再滴入葡萄柚精油、玫瑰天竺葵精油、柠檬精油，然后盖紧瓶盖，以“前后搓滚”的方式摇动瓶身。

【延伸应用】

170 大西洋雪松代谢按摩油

如想增强代谢效果，可将玫瑰天竺葵精油换成大西洋雪松精油，它可促进皮下油脂分解，减少脂肪的囤积。

171 绿花白千层精油按摩油

如果皮肤较为敏感，可将柠檬精油换成绿花白千层精油，它不会刺激皮肤，并有促进组织生长、活化皮肤的功效。

MEMO

适用肤质	所有肤质均适用
保存期限	45天
保存方法	放置于干燥无阳光直射处，用完后记得拧紧瓶盖。

【使用方法与大腿按摩分解动作】

01 涂抹按摩油

采取坐姿，弓起左大腿。压取适量按摩油于掌心稍加搓热后，将手掌覆盖于左膝上方，往左大腿根部轻推，使按摩油均匀附着于皮肤。

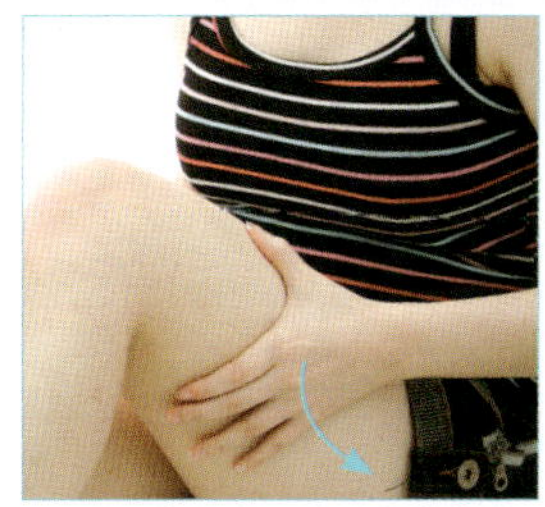

02 右手反掌推压大腿

右手张开，翻转手掌，使大拇指紧贴腿部内侧，其余四指贴在腿部外侧，从膝盖上方开始往大腿根部推压，重复5次。

03 左手顺掌推压大腿

左手张开，顺势覆盖于膝盖上方，由下往上推压至大腿根部，重复5次。

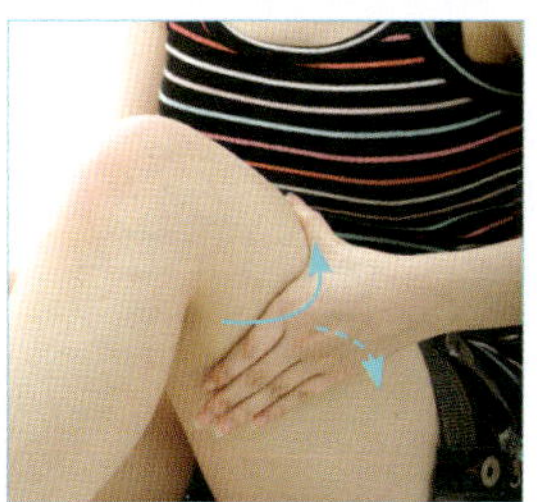

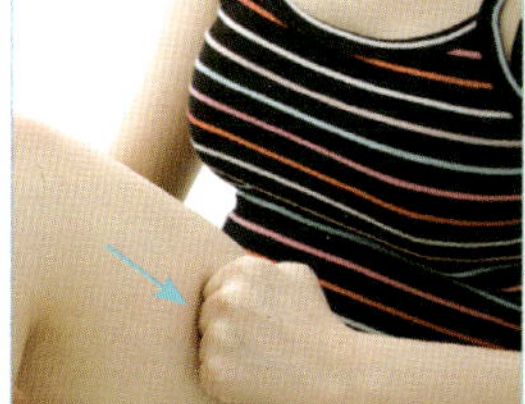

04 指关节按压大腿外侧

左手握拳，以指关节从左膝头沿大腿外侧进行按压，重复5次。

05 手刀垂直敲压大腿

再将左手掌摊平，以手刀方式垂直敲压左大腿，从膝盖往大腿根部重复5次。

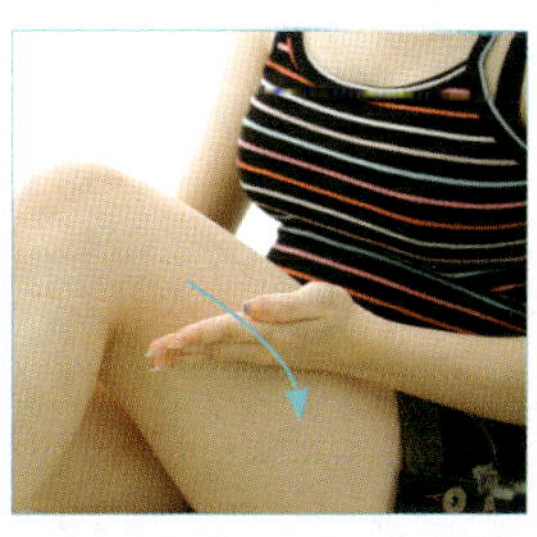

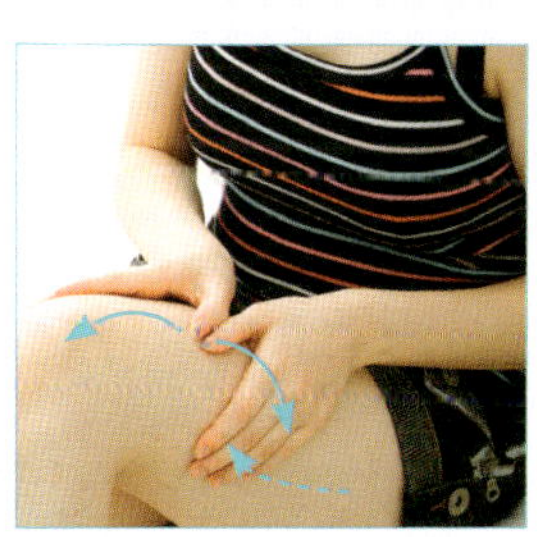

06 松肌安抚

最后双手抓住大腿根部，再以指腹力量，由上往下轻压，使肌肉得到放松。然后换腿，重复步骤1～6，按摩右大腿。

172 薰衣草蜂蜡药膏

杀菌消毒，镇痛止痒

薰衣草精油的成分极为复杂，因而具有消毒、杀菌、止痛、镇定的功效，同时还能驱虫，降血压，消除肿胀及充血，用来做药膏，可以说是最实用的家庭良药，有备无患！

【工具】

搅拌棒	1支	电磁炉（或瓦斯炉）	1个
150毫升烧杯	1个	50毫升烧杯	1个
电子秤	1个	3毫升空针筒	1支
金属锅	1个	10克铝盒	1个

【材料】

蜂蜡	2克
薰衣草精油	3滴
茶树精油	2滴
薄荷精油	1滴
荷荷巴油（液态蜡）	8毫升

【做法】

1 以搅拌棒取蜂蜡置入150毫升的烧杯中，并放在电子秤上正确量出所需的2克后，将烧杯移至金属锅中，隔水加热。

2 稍加搅拌，待蜂蜡融化为液状后，关掉火源，但不要取出烧杯，仍静置于热水锅中备用。

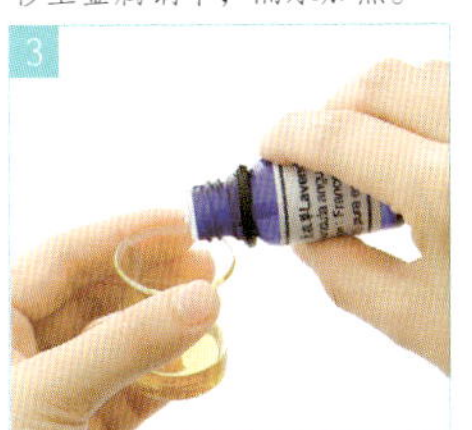

3 取50毫升烧杯，滴入薰衣草精油3滴、茶树精油2滴、薄荷精油1滴，再抽取荷荷巴油8毫升滴入。

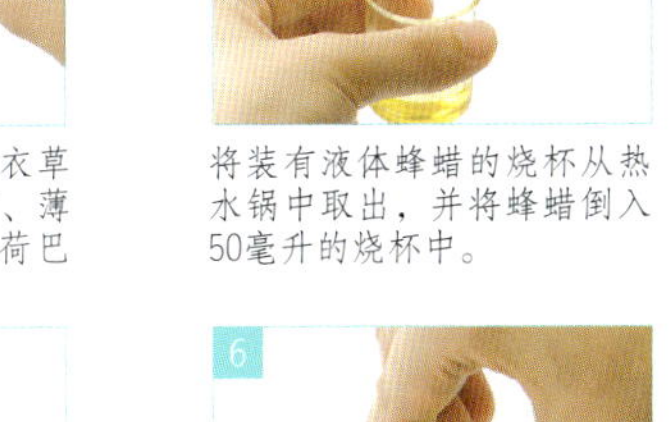

4 将装有液体蜂蜡的烧杯从热水锅中取出，并将蜂蜡倒入50毫升的烧杯中。

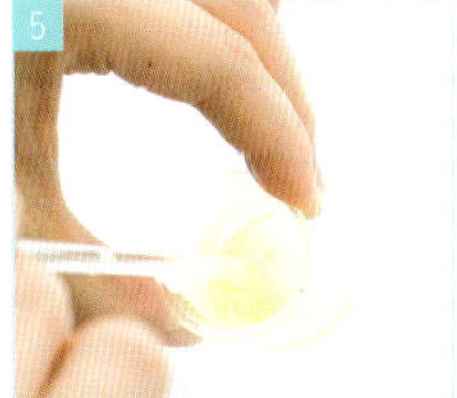

5 用搅拌棒将烧杯内所有材料搅拌均匀。

6 最后将烧杯中的混合物倒入铝盒中，静置10～20分钟，直至凝固即为完成。

【延伸应用】

173 薰衣草凡士林药膏

原配方中的蜂蜡是一种由工蜂所分泌的天然蜡，具有防水、固化的特性。若想加强保湿，可将蜂蜡换成凡士林，因为这种提炼自原油的半固体混合物具有极高的封闭性，可阻绝水分蒸发，形成保护膜，避免肌肤干燥。

174 花梨木精油药膏

若肌肤较为敏感，可将茶树精油换成花梨木精油，除了同样具有抗菌功效，它还具有温和、不刺激的特质，适用于各种肤质。

175 澳大利亚尤加利精油药膏

如想加强抗菌效果，可将薄荷精油换成澳大利亚尤加利精油。此外，它的疗伤功效极佳，能帮助伤口愈合，促进新组织生长。

176 罗马洋甘菊花梨木药膏

针对婴幼儿，为减低药膏中的刺激性，可将茶树精油换成罗马洋甘菊精油，薄荷精油换成花梨木精油，除了杀菌、抗感染，也具备良好的抗发炎疗效，并同样能舒缓疼痛，安抚镇定。

MEMO

- **适用肤质** 所有肤质均适用
- **保存期限** 约60天
- **保存方法** 放置于阴凉处，并避免阳光直射。
- **使用方法** 如有蚊虫叮咬、晕车头痛等状况，可将适量药膏涂抹于皮肤或太阳穴等部位，稍加揉按即可。
- **贴心提醒** 若觉得药膏太油腻，可将蜂蜡增加0.2克，并减少荷荷巴油0.2毫升；反之，若觉得不够湿滑，则可将蜂蜡减少0.2克，增加荷荷巴油0.2毫升。

177 薄荷清凉药膏

促进皮肤收缩，缓解瘙痒疼痛

薄荷精油最重要的成分是“薄荷脑”，这种成分能刺激皮肤的冷觉感受器产生冷觉反射，所以会给人带来清凉的感受，并促使皮肤收缩，进而产生治疗作用。做成药膏，可以止痛、止痒，并因其具有强大的杀菌及麻醉效力，有助缓和蚊虫咬伤、灼伤、牙痛等不适，还可促进伤口愈合。

【工具】

3毫升空针筒	1支	电子秤	1个
50毫升烧杯	1个	金属锅	1个
搅拌棒	1支	电磁炉（或瓦斯炉）	1个
150毫升烧杯	1个	10克铝盒	1个

【材料】

荷荷巴油（液态蜡）	8毫升
薄荷精油	3滴
柠檬精油	2滴
迷迭香精油	1滴
蜂蜡	2克

【做法】

1 用针筒抽取荷荷巴油8毫升，滴入50毫升烧杯。

2 再滴入薄荷精油、柠檬精油、迷迭香精油，以搅拌棒搅匀后备用。

3 挖取蜂蜡置于150毫升的烧杯中，并放在电子秤上正确量取所需的2克。

4 再将装有蜂蜡的烧杯置于金属锅中隔水加热，并同时搅拌，使蜂蜡呈液态状。

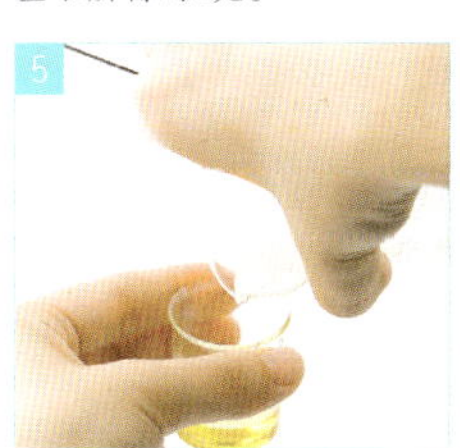

5 将液体蜂蜡倒入50毫升的烧杯中。

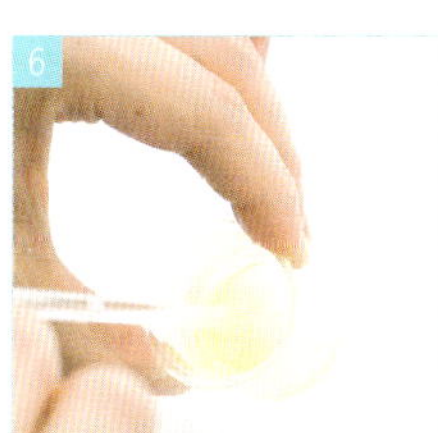

6 将烧杯中所有材料搅拌均匀，再倒入铝盒静置10~20分钟，直至凝固即可。

【延伸应用】

178 薰衣草精油药膏

如想加强镇痛效果，可将柠檬精油换成薰衣草精油，除了同样具有杀菌功效外，它还能够消肿止痛。

179 苦橙叶精油药膏

如想降低刺激性，可将柠檬精油换成苦橙叶精油，它属于较温和的杀菌剂，适合较柔嫩的肌肤，也可舒缓压力。

180 乳香精油药膏

针对呼吸道感染，可将迷迭香精油换成乳香精油，它是种有效的肺部杀菌剂，可以舒缓咳嗽、鼻塞、呼吸不顺等症状。

适用肤质 所有肤质均适用

保存期限 约60天

保存方法 无阳光直射的阴凉处。

使用方法 ① 如有蚊虫叮咬、晕车头痛等状况，可将适量药膏涂抹于皮肤或太阳穴等部位，稍加揉按即可。
② 针对感冒所引发的呼吸道不适，可将药膏涂在鼻孔下方及胸前，有助呼吸通畅。
③ 也可用作刮痧膏，使用时可搭配刮痧板。

贴心提醒 若觉得药膏太油腻，可将蜂蜡增加0.2克，并减少荷荷巴油0.2 毫升；反之，若觉得不够湿滑，则可将蜂蜡减少0.2克，增加荷荷巴油0.2毫升。

贴布

181 快乐鼠尾草镇痛贴布

让肌肉放松，不再肩颈酸痛

长期压力过大，姿势不正，容易造成肩颈酸痛、腰酸背痛。在药布中加入快乐鼠尾草精油，贴在不适的部位，能有效减轻紧张，舒缓肌肉紧绷，让酸痛不适得以纾解。

【工具】

50毫升烧杯	1个	电磁炉（或瓦斯炉）	1个
搅拌棒	1支	挖棒	1支
150毫升烧杯	1个	无菌纱布	数片
电子秤	1个	夹链袋	1个
金属锅	1个	固定贴布	1卷

【材料】

荷荷巴油（液态蜡）	20毫升
快乐鼠尾草精油	5滴
薰衣草精油	4滴
薄荷精油	3滴
蜂蜡	3克

【做法】

1

取50毫升的烧杯，倒入荷荷巴油，再滴入快乐鼠尾草精油、薰衣草精油、薄荷精油。

2

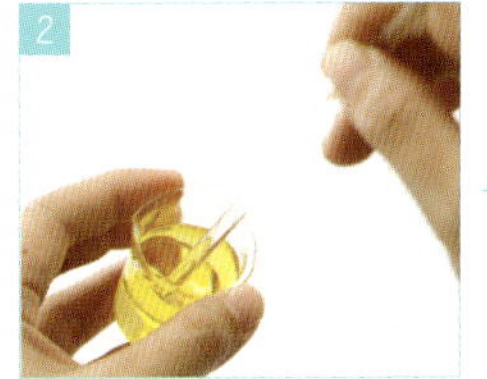

用搅拌棒将油品搅拌均匀后备用。

3

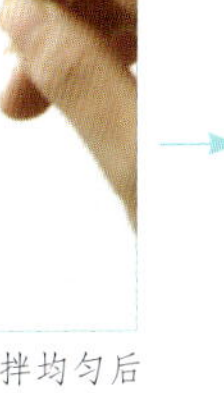

挖取蜂蜡放入150毫升的烧杯中，并以电子秤量取3克后，再置于金属锅中隔水加热并搅拌，使其熔化为液体。

4

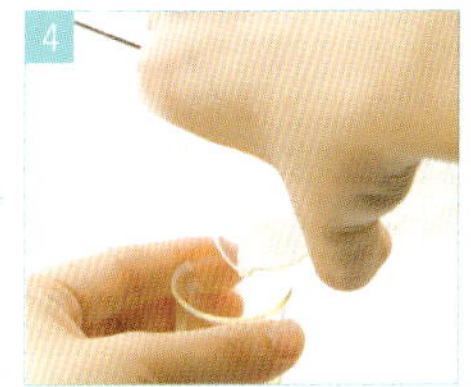

将液体蜂蜡倒入上述50毫升的烧杯中。

5

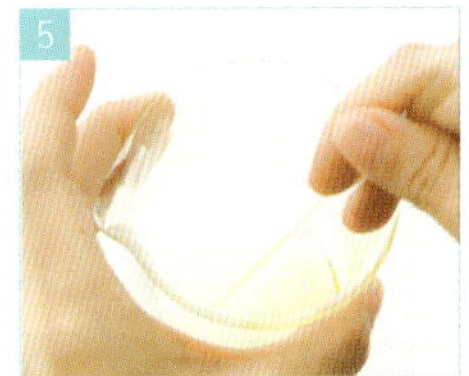

将所有材料搅拌均匀后，静置10～20分钟，待其凝固后，便完成药膏。

6

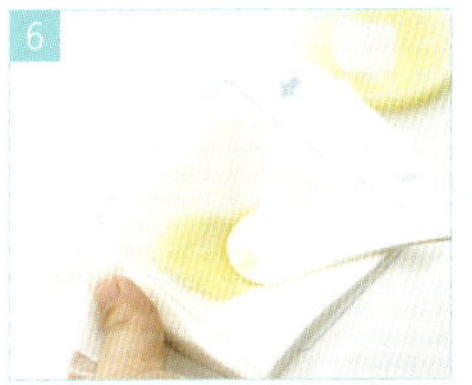

用挖棒挖取药膏，均匀铺平于纱布上。

7

再将涂有药膏的纱布装入夹链袋中保存即可。

【延伸应用】

182_ 甜马郁兰排毒贴布

针对运动过度造成的肌肉酸痛，可将薰衣草精油换成甜马郁兰精油，它能加速血液循环，排除有毒废物，进而减轻肌肉僵硬及疼痛。

183_ 澳大利亚尤加利精油贴布

若因关节炎、纤维组织炎引发疼痛，可将薄荷精油换成澳大利亚尤加利精油，它是一种非常有效的局部止痛剂，可以帮助患者减轻不适。

184_ 苦橙叶精油贴布

若想去除薄荷的凉味，可用苦橙叶精油取代，它有温和杀菌的功效，能适度保养皮肤。

MEMO

适用肤质	所有肤质均适用
保存期限	7天
保存方法	放置于阴凉处，并避免阳光直射。
使用方法	1 将涂有药膏的纱布自夹链袋中取出。 2 剪取适当长度的贴布，并将药膏纱布贴上固定。 3 再将贴布贴在肩颈、腰背、小腿、手臂等肌肉酸痛处，停留不超过6小时，再行去除即可。
贴心提醒	若觉得药膏质地太油，可再多加0.2～0.3克蜂蜡，但要注意勿将药膏调得太硬，以免挖不动。

185 迷迭香肌肉酸痛贴布

告别扭拉伤，肌肉乳酸消失无踪

肌肉过度使用，会造成乳酸堆积，因而引发酸痛的状况。除了按摩之外，在疼痛处贴上加入具有极佳止痛功效的迷迭香精油的贴布，能有效减轻不适，最适合运动过后疲倦、僵硬的肌肉。

【工具】

50毫升烧杯	1个	电磁炉（或瓦斯炉）	1个
搅拌棒	1支	挖棒	1支
150毫升烧杯	1个	无菌纱布	数片
电子秤	1个	夹链袋	1个
金属锅	1个	固定贴布	1卷

【材料】

荷荷巴油（液态蜡）	20毫升
迷迭香精油	5滴
薰衣草精油	4滴
柠檬精油	3滴
蜂蜡	3克

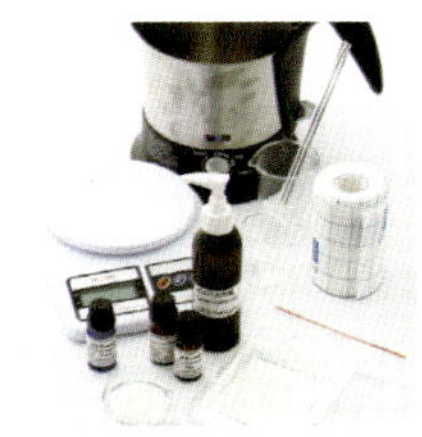

【做法】

1 取50毫升烧杯，倒入荷荷巴油20毫升，再滴入迷迭香精油5滴、薰衣草精油4滴、柠檬精油3滴，搅拌均匀备用。

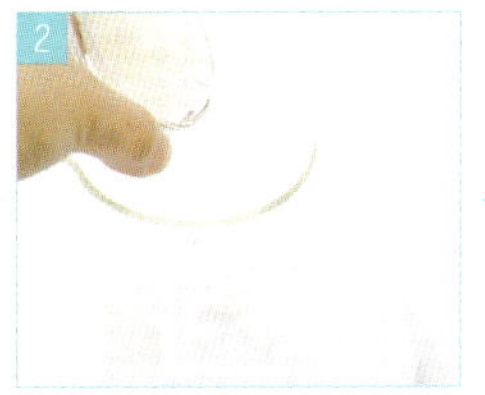

2 挖取蜂蜡放入150毫升的烧杯中，并放在电子秤上正确量取所需的3克。

3 将装有蜂蜡的烧杯置于金属锅中，隔水加热。

4 同时用搅拌棒搅拌，使蜂蜡熔化为液体。

5 将上述50毫升的烧杯里的混合物倒入液体蜂蜡中。

6 将所有材料搅拌均匀，静置10～20分钟，待其凝固，便完成药膏。

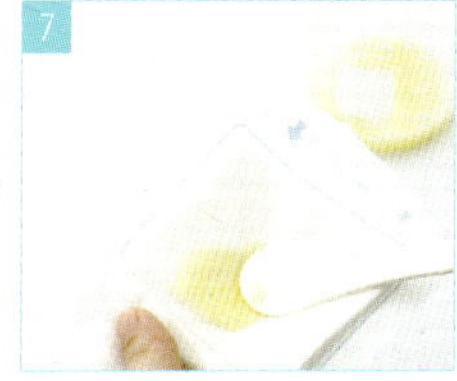

7 用挖棒挖取药膏，均匀铺平于纱布上，再装入夹链袋保存即可。

【延伸应用】

186_ 乳香精油贴布

如有扭伤、淤血，可将薰衣草精油换成乳香精油，它有止痛、化淤、活血等功效，并有助平静情绪。

187_ 甜马郁兰精油贴布

针对运动过后的肌肉酸痛，可将柠檬精油换成甜马郁兰精油，它可促进皮下微血管扩张，具有加速血液循环、排除废物毒素的功效，能有助减轻肌肉过度使用带来的不适。

188_ 依兰依兰精油贴布

也可将柠檬精油换成依兰依兰精油，它具有极好的松弛效果，有助缓解肌肉紧绷。

MEMO

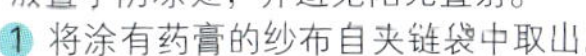

适用肤质　所有肤质均适用

保存期限　7天

保存方法　放置于阴凉处，并避免阳光直射。

使用方法　1 将涂有药膏的纱布自夹链袋中取出。2 剪取适当长度的贴布，并将药膏纱布贴上固定。3 再将贴布贴在肩颈、腰背、小腿、手臂等肌肉酸痛处，停留不超过6小时，再行去除即可。

贴心提醒　若觉得药膏质地太油，可再多加0.2～0.3克蜂蜡，但要注意勿将药膏调得太硬，以免挖不动。

精油故事

玫瑰精油

在中世纪的欧洲，普通中产家庭一般用“他家吃不起黑胡椒”来贬低别人，而皇室贵族的女性则用“她连玫瑰精油都用不起”来嘲笑其他贵族的女性。到了今天，黑胡椒不再从印度进口，早已普及到任何家庭都可以随意享用。可玫瑰精油依然是极少数人的专利，因为萃取1公斤玫瑰精油大约需要3000～5000公斤玫瑰花瓣，非常珍贵，堪比黄金。玫瑰精油能够很神奇地带给女人“幸福感”，这就连黄金也无法达到。而且，玫瑰精油在美白、补水和促进细胞再生方面的神奇效果，更是它多年来成为女性挚爱的根本原因。

薰衣草精油

薰衣草几乎没有病虫害，完全不必喷洒农药，放几株干草在封闭处，香味能够数年不散。薰衣草对七十余种疾病有疗效，早在古罗马时期就已经被广泛使用。薰衣草精油能够促进皮肤细胞再生，加速伤口愈合，改善粉刺、脓肿、湿疹，对灼伤有奇效，可抑制细菌，减少疤痕，更因为其“双向平衡”皮肤油脂的特点，所以几乎各种性质的皮肤都可以安心使用。

茉莉精油

玫瑰精油是“精油之后”，而茉莉精油则是“精油之王”。茉莉精油对皮肤的弹性恢复、抗干燥和淡化鱼尾纹的效果，是从古埃及开始就有记载的。茉莉精油安抚神经的效果也不错，能令人极度放松，重拾信心，另外，它还是对男女都有效的催情精油。茉莉必须在黄昏，花朵初绽时采摘，采摘时须穿黑衣（为了避免夕阳折射）。大约800万朵茉莉花才能萃取出1公斤精油，1滴就是500朵茉莉花！萃取工艺也非常繁复，要先在橄榄油中浸泡数日，再滤出橄榄油，留下的才是价格令人咋舌的茉莉精油。

依兰精油

印度尼西亚人至今还保留着一个古老传统：在新婚夫妻的床上，撒满依兰花瓣，这样做的目的，可想而知是依兰最出名的催情效果。依兰对调节女性激素平衡有显著的效果，能够调理生殖系统的诸多问题，是精油中的上选。在一些国家和地区，依兰还被称为“子宫的补药”，对产后妇女来说，无疑是最佳选择。总之，当情绪低落、冷淡、焦虑、恐慌，内分泌失调时，你第一个想到的精油，就应该是依兰。有人觉得它的味道过于浓郁，因此最好与柠檬精油调配使用，可降低甜味。

图书在版编目（CIP）数据

媲美大牌的手作护肤品 / 陈美菁著. -- 长沙：湖南文艺出版社, 2011.11
ISBN 978-7-5404-5135-6
Ⅰ. ①媲… Ⅱ. ①陈… Ⅲ. ①皮肤用化妆品 – 基本知识 Ⅳ. ①TQ658.2
中国版本图书馆CIP数据核字(2011)第193576号

本书通过四川一览文化传播广告有限公司代理，经柠檬树国际书版有限公司授权出版中文简体字版

上架建议：美容护肤 · 时尚生活

媲美大牌的手作护肤品

作　　者：陈美菁
摄　　影：廖家威
出 版 人：刘清华
责任编辑：丁丽丹 刘诗哲
监　　制：刘　丹
特约编辑：王　蕾
版权支持：辛　艳
版式设计：利　锐
封面设计：熊猫布克
出版发行：湖南文艺出版社
（长沙市雨花区东二环一段508 号 邮编：410014）
网　　址：www.hnwy.net
印　　刷：北京尚唐印刷包装有限公司
经　　销：新华书店
开　　本：889mm × 1194mm 1/24
字　　数：65 千字
印　　张：7.5
版　　次：2011 年11 月第1 版
印　　次：2011 年11 月第1 次印刷
书　　号：ISBN 978-7-5404-5135-6
定　　价：35.00元
（若有质量问题，请致电质量监督电话：010-84409925）